三越誕生

帝國百貨與近代化的夢

三越 誕生！
帝国のデパートと近代化の夢

和田博文

譯——陳令嫻

導讀

歷史與文化的百貨公司——寫在《三越誕生》前面

國立政治大學台灣史研究所教授　李衣雲

商品的視覺展示是西方近代化後的一項特色，藉由新奇商店、拱型商場、博覽會、百貨公司等的發展，慢慢在十八、十九世紀的歐美擴展開來。百貨公司的特色，便是將大量商品分門別類後，一次性地展演在一棟華麗的大型建築物內，讓自由入店的消費者能感受到視覺與選擇上的奢侈，同時定價標售，現金交易。

在類似拱型商場的勸工場誕生前，日本的奢侈品如吳服（和服的布料）、髮簪等，都是以店員與客人對話的方式在交易。以三越的前身三井吳服店來說，巨大的招牌布簾「暖簾」遮住光線擋在門口，客人掀簾而入後，由掌櫃上前接待，引導客人脫鞋上到鋪設榻榻米的店內坐下，客人會開始告訴掌櫃自己想要的商品是什麼樣子，掌櫃則思索倉庫內有什麼對得上的商品，然後由店員去倉庫把商品端上來，能否在最少的來往次數內完成交易，端看掌櫃的手腕，這種販賣方式稱為「座賣法」。然而，在那個時代，進店後不買點東西，氣氛上很難離開，也就是存在著一種購買的義務感，所以顧客往往都是已經有了購物的需求才會入店。

日本自一八七七年起陸續在國內舉辦內國勸業博覽會，而最早於一八七八年一月設立在東京永樂町的「勸工場」，就是為了要陳列並販賣前一年在東京開設的內國勸業博覽會所剩餘的商品。直到明治末期（二十世紀初）衰落為止，勸工場都是日本庶民的娛樂場所。勸工場是在一棟建築物中的夾道兩旁，設置由不同店主開設的一間間賣店，販賣物從日用品、文具、室內裝飾品到洋服、和服都有，這些物品大多都是西方新奇商店或百貨公司所販賣的商品。且不同於傳統商店，勸工場採用了近代化的方式陳列商品，同時一改過去日本舊店鋪必須脫鞋才能進入的規定，這種種使得勸工場在開設後受到極大的歡迎，應該也刺激了三井吳服店這些老店鋪的轉型。

一八九五年，高橋義雄擔任三井吳服店的理事後，開始了一連串的改革。在所有改革中最重要的是廢除座賣法，改為陳列販賣式——當然，這不是一蹴可幾的。高橋首先將店鋪二樓的空間打通，放入十多台玻璃陳列櫃，讓客人可以自由觀看商品，再至一樓與掌櫃商量購買，直到一九〇〇年，才完全廢止座賣法。不過，他仍將賞玩商品的時間保留下來，讓店員不在客人進店時就立刻上前。

日比翁助在高橋之後擔任三越的專務取締役（執行董事），於一九〇四年十二月發表「百貨公司宣言」，正式開啟了日本百貨公司的歷史。在本書中可以看見日比翁助決意要讓三越成為上流社會、甚至社會一流人士聚集娛樂、社交的場所。除了接待各宮家、達官貴紳、陸海軍諸將之外，他也打造三越成為外國皇族、使節來日本時必逛的場所，成為「國民外交」的一環。

此外，他也十分重視文化資本，除了舉辦美術展、發展流行品之外，更在「學俗合作」的標語下組織「流行會」，集合當時一流的知識分子如新渡戶稻造、福地櫻痴、巖谷小波、佐佐木信綱等人，每個月舉辦三次座談會，引進最新的知識、文化與流行。一九〇七年，三越成立美術部，以常設展的方式介紹新進的繪畫、工藝家，並定價販售美術品，建立起公正藝廊的形象。透過這些方式，提升了三越的名聲與文化資本，建立起「三越＝高級文化」的品牌形象。

更明顯的一個例子，就是三越百貨公司所發行的百貨公司誌。一八九九年，三越創刊《花衣》，這也是日本最早的百貨公司出版刊物，目的在於為百貨公司本身作廣告。《花衣》中刊登了當時著名的作家中山白峰、尾崎紅葉的小說，其中尾崎紅葉在小說裡對服飾表現有非常細膩的描寫，之後三越的公司誌即以他這樣的小說筆法作為基調，鼓勵其他作家也這樣寫，連結吳服店起家的三越百貨與文化／文學之間的關係，暗中勾起廣告的作用，泉鏡花及尾崎紅葉的友人們所創辦的「硯友社」等名人的作品也都在這裡刊登。公司誌的名稱則從《花衣》後不斷改變：《夏衣》、《春模樣》、《夏模樣》、《冰面鏡》、《京風流》，至一九〇三年八月再改名《時好》。同年十月尾崎紅葉過世後，《時好》所支援的文學網絡，逐漸與森鷗外的系統關係緊密起來。到了一九一一年，公司誌再改名為《三越》。

從《時好》時代起，三越的刊物即數次舉辦文學獎，一九〇七年時總獎金曾達三千日圓，項目包括劇本、小說、論文、俳句、落語、狂言、封面圖案等二十多種，而評選者則包括森鷗外、岡本綺堂等藝文各界的名家。到了大正時期的文學獎，更曾明言題材雖然「多少要與三越吳服店有關」，「但不能僅止於三越吳服店的榮光，還要觀及大正文壇的盛況」，之後並出版成系列套書「文藝的三越」，顯示出此時三越在文藝界已有能撐起文化獎項的文化資本與象徵資本。

正如本書作者所說，三越的歷史與日本近代史息息相關。當時三越每年在台灣多次進行臨時販賣，卻始終未來台開設分店，理由是台灣的日本人不夠多。然而，一九〇五年日韓合併後，三越卻在京城開設有商品陳列的出差人員宿舍，之後轉型為分店，當時台灣的日本人明明多於韓國，在京城展店，實際上是源自於第一代韓國統監伊藤博文對日比翁助曉以國家大義的要求。因此可知，設店與否其實與日本的大陸政策緊密相關，亦即從三越百貨公司近代化的歷史，也可以看到日本自明治以來脫亞西化、和洋折衷的面貌。

目次

第二章 赴西方考察與組織流行會的功能

第三章 創造文化的百貨公司

一百年前的百貨公司①——室內裝潢

1

2

3

1：位於染井的松平伯爵府邸餐廳是由三越負責室內裝飾（《三越》，1913年11月號）。採用19世紀末的維也納分離派（Vienna Secession）的風格。
2：三越小藝術品展覽所展示的花瓶，出自伯納德．里奇（Bernard Leach）之手（《三越》，1913年3月號）。
3：三越西畫小品展覽所展示的水彩畫〈永代橋〉，畫家是正宗得三郎（《三越》，1913年4月號）。

一百年前的百貨公司②——餐具類

1

2

3

4

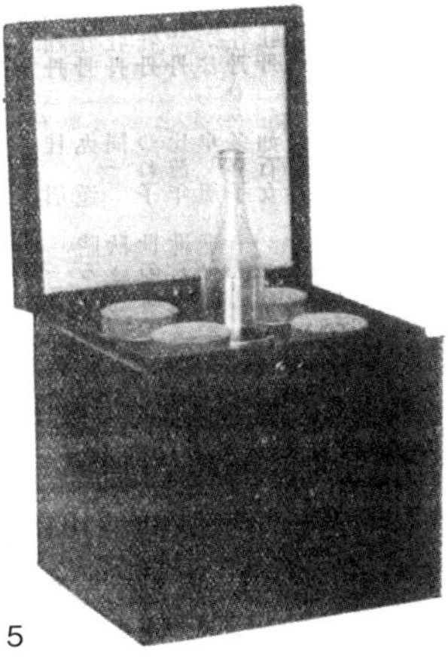

5

1：奧地利製的「酒杯與菸具組」（《三越》，1913年3月號）。
2：英國製的「蘇打虹吸瓶」與「高壓瓦斯球」，消費者可在家自行製作蘇打水。
3：德國製的陶器，邊緣鑲鎳，用來盛裝水果。
4：德國製的複合式蛋架，材質為鎳（2～4皆出自《三越》，1913年6月號）。
5：剛面市的「魔法盒」（《三越》，1913年1月號），用來保存新生兒喝的牛奶，可以保溫約10小時。

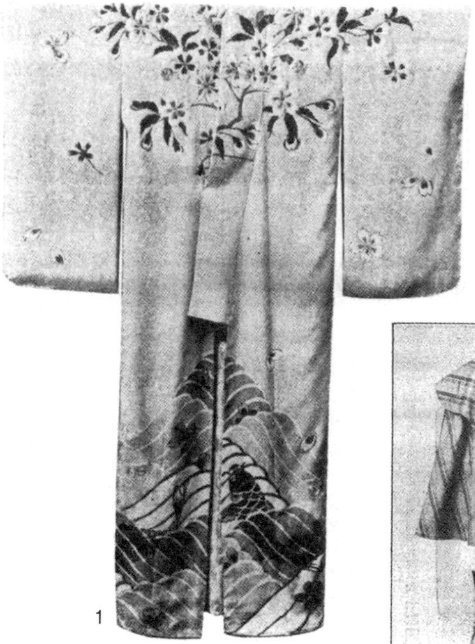

1

2

3

4

5

1：帝國劇場的大明星森律子在1913年造訪歐洲之際，向三越訂製了兩件疊穿的和服「二枚襲」（《三越》，1913年4月號）。
2：附披肩的條紋毛呢兒童披風。
3：白獅毛皮披肩。尺寸從2歲到7、8歲皆有，顏色包括白色、淺黃與淺紅等（2～3皆出自《三越》，1911年10月號）。
4：夏天用的白色棉布綁帶靴（《三越》，1913年6月號）。
5：去海邊玩時穿的針織衫（《三越》，1913年7月號），尺寸從3歲到成人，應有盡有。

一百年前的百貨公司④——美妝

1

2

3

4

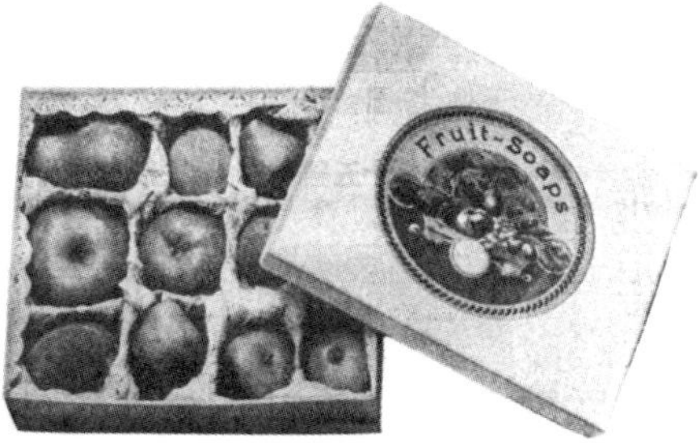

5

6

1：仙客來（Cyclamen）公司的「粉紙」（《三越》，1913年7月號）。

2：俄國生產的古龍水，供「夏日洗臉與手帕用」。

3：法國皮諾（Pinault）公司生產的漱口用香水（2～3皆出自《三越》，1913年6月號）。

4：浴鹽（《三越》，1911年11月號），據說倒一大匙進浴缸，泡澡水便芬芳撲鼻。

5：蘋果、榠楂、杏桃、梅子與櫻桃等12種果實研製的「水果肥皂」（《三越》，1913年7月號），推薦消費者買來當禮物。

6：最新的橡膠材質彈性梳（《三越》，1913年6月號）。

1

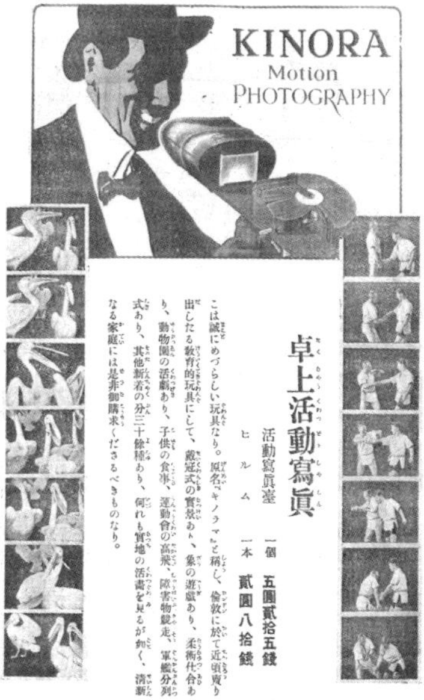

2

3

4

1：「家用幻燈機」（《三越》，1913年8月號），附有軟片與「幻燈片」。

2：於倫敦開始銷售的幻燈機「KINORA MOTION PHOTOGRAPHY」的廣告（《三越》，1913年6月號），和放映台、軟片成套販售。

3：相機Ikanikuze（《三越》，1913年11月號）。

4：松田金三郎拍攝的這張照片是「照片徵選活動」的入選作品之一（《三越》，1913年10月號），相機的銷售使家庭相簿應運而生。

序章

目標是成為日本的哈洛德百貨
——百貨公司宣言與「學俗合作」

日本的百貨公司究竟是何時、又是如何出現的呢？日本陸軍於一九〇四年十二月五日在日俄戰爭中戰況最為激烈的旅順二〇三高地發動第三次總攻擊，並且占領此地。同一個月發行的三井吳服[1]店的公司宣傳雜誌《時好》則刊登了店員濱田四郎的文章〈朝鮮通訊〉，其中介紹了兩則三井的軼事。一則是公使造訪京城[2]時，迎賓室放的是三井製的抱枕，讓濱田看了不禁莞爾。另一則是在平壤時突然下雨，他被帶到「韓屋」的「炕房」躲雨，結果房間牆壁和天花板都貼滿了《時好》當壁紙。身為「韓國人」的屋主認為目前是日本「扶植」（扶助培植）大韓帝國的時代，因此不需要說「您等眾人是日本人」，也不需要特意區別「日本人」與「韓國人」。

這兩則軼事顯示三越吳服店的歷史起點與日本近代史有所重疊，下面就先來確認三越的草創時期。一九〇四年十二月二十日，三井吳服店與三越向合作的企業與顧客寄送了聯名信，因為他們在十二月六日的大會上決定成立株式會社[3]三越吳服店，由日比翁助擔任相當於執行董事的專務取締役，所謂的三越吳服店就從同月二十一日開始營業。隔年一月，全國各大報與《時好》都刊登了這封聯名信，提及三越將「增加販售的商品種類」，並把「衣物裝飾」等商品合併在同一棟建築物裡販賣，落實「美國百貨公司的一部分型態」——這便是三越的「百貨公司宣言」。聯名信最後表示，原本為了「改良門市」而派往美國的店員林幸平即將結束考察回到日本，屆時會將美國「最新的門市改良手法」應用在三越。

1905年1月3日刊登於《都新聞》的百貨公司宣言（《大三越歷史照片帖》，1932年11月，大三越歷史照片帖刊行會）。

雖然並未署名林幸平，但是《時好》（一九〇五年四月號）刊登了他的調查報告〈滯美雜記（紐約店員報）〉。當時紐約人口約五百萬人，大多屬於中產階級，這些人的生活在日本人眼中充滿了驚奇——高樓公寓設有電梯、每個房間都以暖氣維持一定溫度，且隨時供應熱水。此外室內的光景也與日本大相逕庭——客廳裡，映入眼簾的是擺設、盆栽與花瓶，餐廳備有各類餐具，寢室與起居室則是擺著照片、化妝用品、金銀工藝品與寶石等等，換句話說，這些房間裡充斥著「商品」。此外衣服的剪裁與顏色五花八門，每一季還會添置正式的禮服與休閒服。

譯註

1 傳統和服布料的總稱。
2 首爾舊名。
3 相當於股份有限公司。

1910年的紐約百老匯（岡本米藏，《紐約市內外之地產》，1912年1月，博文館）。

紐約市民的購物方式也與日本有天壤之別。根據報告說明，紐約的夫妻會彼此商量、互相挑選對方的衣物，下班後約在「某家商店」見面，試穿衣服、交換意見的樣子在他人眼裡是非常「動人」的。有時他們也會購買銀製的刀叉、湯匙，以及玻璃雕刻的餐具和花卉圖案的陶器。主婦兩手拎著裝滿肉類與蔬菜的購物袋回家的情景也屢見不鮮，買太多拎不回家時，委託商家在晚餐之前送到家，便能在指定的時間送達。這份報告中所謂的「某家商店」，想必就是各式各樣的商品都買得到的百貨公司。

如同百貨公司宣言所示，三越當初從吳服店轉型為百貨公司時，便是把美國的百貨公司視為範本，但這是日本第一次嘗試設立百貨公司，當然會出現懷疑的聲音。例如一九〇五年一月十三日的《東京朝日新聞》專欄〈時局雜俎〉便提到三越吳服店參考「美國流行的百貨公司」，販賣方針「由衣物與其相關用品、化妝品擴大至所有日用品」，然而美國的零售與批發價差顯著，因此得以藉由開設廉價的「大型零售店」來吸引大批顧客上門，反觀「日本的市場情況」，轉型為百貨公司「有待商榷」。實際上，三越也不認為可以立刻改變商業型態，宣言中宣稱要落實美國百貨公司的「一部分型態」，這樣的說法已經有所保留。

三越吳服店的歷史與日本近代史如何交錯，又是如何展開？中日戰爭[4]結束之後，雙方在一八九五年四月簽訂《馬關條約》，為大清帝國與朝鮮的宗藩關係畫下句點。日後俄國推動南下政策，日本意圖擴張帝國領土，朝鮮半島因而成為兵家必爭之地。一九〇四年二月十日，日俄戰爭爆發，日本為了確保在朝鮮半島的軍事行動不受阻撓，於同月二十三日簽訂《日韓議定書》。日本陸軍第一軍進入朝鮮半島，於四月三十日到五月一日與俄軍在鴨綠江交鋒，打敗了俄軍。其後根據八月二十二日簽訂的《第一次日韓協約》，韓國必須任用日本政府推薦的財政與外交顧問，日本強化對朝鮮半島的影響，逐漸成長為遠東的帝國，為六年後的《日韓合併條約》做準備。

濱田四郎在〈朝鮮通訊〉中提到的「韓國」屋主的發言，正是基於這樣的背景。濱田目睹了這兩幕光景，深感三井吳服店已經聲名遠播，來到大海另一邊的朝鮮半島。他最後在文章中提到，和服在韓國的價格是「內地[5]的兩倍」，當地的日本人表示要是「三井吳服店這

4 指中日甲午戰爭。
5 指日本國內。

巴黎𥶡瑪歇百貨的明信片（刊行年代不詳）。

樣的老店」來到韓國開店就方便多了。由此可知，三井的名號已經滲透到一般民眾之間。為了因應當地日本人的需求，三越在兩年後的一九〇六年十月二十日於韓國設立京城出差人員宿舍；隔年九月六號也在大連設立，之後出差人員宿舍規模擴大，升級為臨時販賣處與分店。

一九〇四年十二月，三越吳服店繼承了三井吳服店的業務，這不僅是傳承吳服店的事業，也是邁向百貨公司之路的起點。原本販賣和服布料的商店以布料為主，步上銷售各類商品的大型商店後塵，邁向企業的近代化。在此同時，日本歷經中日戰爭與日俄戰爭，逐步成為東亞的帝國，兩者的歷史可說彼此交疊，三越前往日本的殖民地與實質支配的地方開設門市，不過是歷史重疊的象徵之一。十九世紀後半期的西方列強都有足以代表帝國的百貨公司，如英國有哈洛德（Harrods）、法國有篷瑪歇（Le Bon Marché）、德國有卡迪威（KaDeWe）、美國有沃納梅克（Wanamaker），這些商店陳列著大量商品，彷彿象徵帝國的繁榮——而三越也同樣立志成為代表日本的百貨公司。

日比翁助是促使三越轉型為百貨公司的推手，為了達到目的，他採用了所謂「學俗合作」的方針。就在公司的宣傳雜誌《三越時刊》更名為《三越》之際，日比發表了標題為〈發行新的《三越》〉（《三越》，一九一一年三月號）的文章：

> 我不曾忘卻「學俗合作」的精神。然而遺憾的是，三越的銷售部門發展過快，不犧牲其他方面就無法如這般進步神速，即連《三越時刊》也每每淪為銷售部門的廣告手段。這種作法其實與我長期主張的「學俗合作」有所矛盾，我無法繼續忍耐，於是另創《三越》來提倡過去《三越時刊》時而欠缺的「學俗合作」精神。

日比翁助所提倡的「學俗合作」精神，指的是商業人士獲得「精通學問、長於文藝美術的博學天才」協助來經營公司，這並非一九一一年將《三越時刊》變更為《三越》之際所推出的新方針，他提到「我十年前創立雜誌《時好》時即有此意」，亦即從三越提出百貨公司宣言當時，便持續採用「學俗合作」方針。之後十年以來，三越與「學」「合作」，成立流行會、創立兒童文化研究會，無論是提出新的流行，或是研究古今東西的兒童玩具來開發新產品，始終與文化人攜手同行。

「學俗合作」也是創辦兒童博覽會等活動的企劃基礎。一九一〇年六月號的《三越時刊》刊登了遞信大臣[6]後藤新平發表的〈學俗合作論（見兒童博覽會有感）〉，文中表示「我一直認為必須拉近學者與常人之間的距離，相信拉近兩者距離是我終生的志業」。這不僅限於兒童博覽會，他認為在「圖工商農業之發達、貿易之擴大」時，「學俗合作」也能發揮極大作用。後藤的這番信念，其實是基於實際體驗——他曾在一八九八年三月就任台灣總督府民政局長（三個月後改稱民政長官）時，聘請了農業政策學家新渡戶稻造擔任臨時台灣糖務局長，建立起台灣的糖業。除了新渡戶稻造，他還網羅了法學與林學等各界學者，群策群力經營殖民地。

將留學歸國的人在家中分送土產的場景擴大到商店的規模，或許就可以看成吳服店進化為百貨公司的過程。文豪森鷗外的妹妹小金井喜美子有篇小說名為〈歸國、老么病與紙牌會〉（《三越》，一九一一年三月號），開頭如下：「歲末將近，山村家的男主人從德國回來。歸途經過印度洋，耗時四十多天。老么二郎說：『爸爸要是走西伯利亞鐵路，早就已經到家了。』他把郵船公司的定期航班表貼在書桌旁的牆上，用色鉛筆畫線，看著航班表等待父親歸來。」喜美子在一八八八年與解剖學家小金井良精結婚。良精曾於一八八〇年留學德國，五年後回國；鷗外也曾於一八八四年前往德國留學，四年後返國，學者歸國之於喜美子可說是切身的題材。

小說中這般描繪從歐洲帶回來的紀念品：孩子們緊盯著從行李箱拿出來的一份份用包裝紙包著的禮品。父親在送給姊姊小提琴、送給妹妹蝴蝶結髮叉時，還附帶說明了小提琴行的女店員是多麼美麗，髮叉又是怎麼陳列的，孩子們聽了眼睛都發亮起來。送給哥哥和弟弟的，則是最新的鐵製時鐘，大家為了聆聽鐘聲還輪流傳著看。其他禮物包括相本、人偶、項鍊與化妝用具，大家看到「現代知名藝術家的彩色繪畫印刷品」，不禁感嘆：「果然跟日本不一樣。」就連柏林到馬賽的鐵路便當所附的刀叉，都令眾人發出驚嘆，認為不愧是西洋，連便當附的刀叉都如此美麗。大家還一起猜測眼前有洞又有鎖的「鎳製小圓球」用途為何——畢竟在那個年代，紅茶用的濾茶器還很稀奇。

從歐洲帶回來的紀念品，正是國外琳瑯滿目的商品。這篇小說中的紀念品大概多半是德國製造，這些在日本尚未普及的商品成為眾人憧憬的對象，山村家當晚還馬上試用了濾茶

---

6 「遞信省」為過去管理通訊、交通與郵件的部會。

器。即便在日本買得到相同的產品，來自歐洲的看起來還是格外閃亮，就連「一個錢包，一桿筆管」都獲得好評，認為「德國人在商業上發揮了細膩精明的特質」。這些擺在家中的紀念品，便是迷你版的百貨公司貨架，數個行李箱要是擴大為數十個、數百個，看起來就像百貨公司的賣場。

日比翁助所主張的「學俗合作」中，「學」指的是這些已經體驗過國外百貨公司的歸國學人，但是將吳服店重新整編為百貨公司的責任則在「俗」，也就是要由商人來擔負——為了購買流行尖端的各類商品，每年想必都得派遣店員前往西洋；想要習得特定的技術，也必

日比翁助（右）與哈洛德百貨的老闆哈洛德（中）合照（《大三越歷史照片帖》，1932年11月，大三越歷史照片帖刊行會）。

巖谷小波，《巴黎別有洞天——大日本大使館裝潢記》（1908年5月，三越吳服店）的書籍封面。

須送員工去留學不可；經營團隊本身還得去西洋的百貨公司考察。例如日比自己也在一九〇六年四月到十一月與高層執行弘道前往歐洲與美國的百貨公司實地考察，還聯名在同年的《時好》四月號與十一月號發表出航與歸國致詞。濱田生在〈英國的模範大型零售商店（值得三越吳服店仿效的百貨公司）〉（《日本的三越——紀念大阪分店開幕》，一九〇七年五月，三越吳服店）一文中表示，「吾人之理想為將三越改造為第二間哈洛德，亦即東京的哈洛德」，這同樣也是日比實地考察後的感想。百貨公司宣言發表兩年之後，三越經營團隊的視線不再投注於美國的百貨公司，而轉向了英國的哈洛德百貨。

然而吳服店不會因為宣布了百貨公司宣言便立刻轉型為百貨公司，第一間和西方百貨公司並駕齊驅的日本百貨公司，咸認為是一九一四年十月一日開幕的三越總店新館——一棟鋼筋混凝土結構、地下一層、地上五層的建築物。在那之前的十年，是三越吳服店反覆嘗試的時間，這十年來，三越吳服店不是單純模仿西方列強的百貨公司，而是藉由認識西方的百貨公司，逐漸注意到不同於西方的本國文化。日本成立駐巴黎大使館之際，由三越負責裝潢工程便是重視東洋文化的典型例子。這項工程在一九〇八年一月完工，作家巖谷小波於〈巴黎別有洞天——大日本大使館裝潢記〉（《時好》，同年四月號）中稱讚施工成果「在二十世紀的流行界當中，最值得大書特書」。

三越當時承攬的這項工程，還囊括了日本畫畫家橋本雅邦最後的作品。根據〈雅邦翁絕筆之竹〉（《東京朝日新聞》，一九〇八年一月十八日）一文所示，自從承攬日本駐巴黎大使館的裝潢工程後，三越吳服店設計部門的久保田米齋與林幸平便率領團隊制定了裝潢計畫：迎賓室「竹之間」確定以竹子為裝飾主題，並在暖爐左右設置裝飾的棚架，此外櫥櫃拉門也畫上竹子。大使館為此要求「委託一流的畫家作畫」，三越萬中選一，決定委託橋本——儘管他當時正在與病魔對抗。一九〇七年八月中旬，久保田前往橋本家拜訪，委託後過沒幾天，橋本便通知畫作已經完成，六片絹布櫃門上的竹子宛如隨風搖擺，完全看不出來出自病人之筆。橋本受到「這是向外國人介紹日本美術絕無僅有的好機會」這句話激勵，提筆作畫到近乎忘了自己生病，但他最終在隔年一月十三日離開了人世，這幅畫也成為他的絕筆之作。

一百年前的百貨公司⑥——生活用品

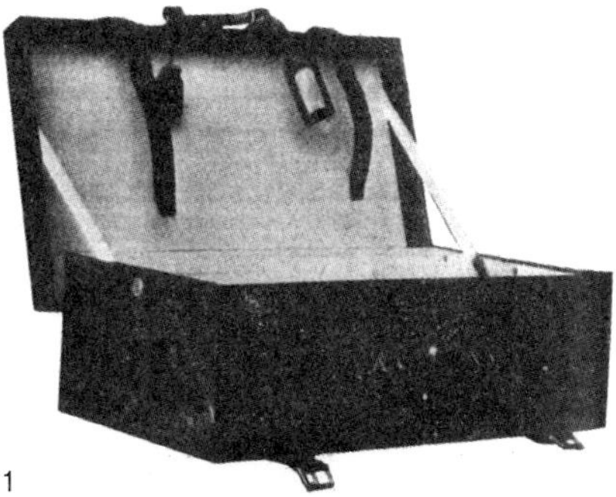

1

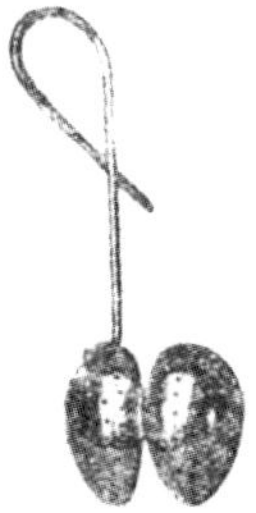

2

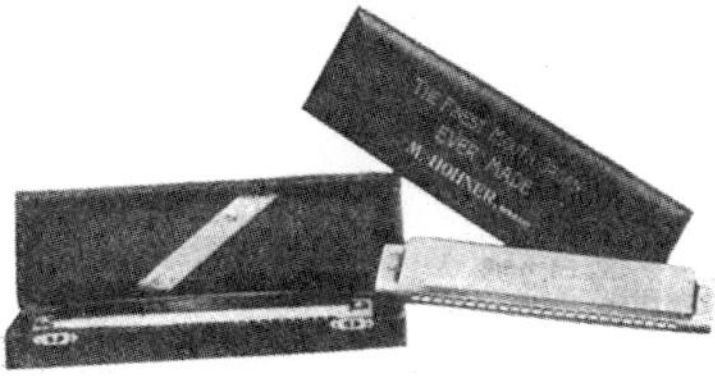

3

4

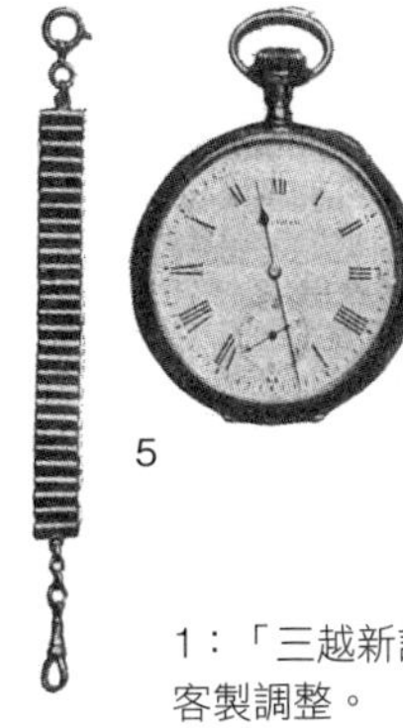

5

6

1：「三越新設計信封盒形行李箱」（《三越》，1913年2月號），大小可客製調整。
2：「舶來紅茶濾茶器」（《三越》，1912年2月號）。
3：「口琴」（《三越》，1913年8月號）。
4：「指甲清潔組」（《三越》，1913年6月號）。
5：美國華爾頓公司（Waltham Watch Company）製作的懷錶與「18K金與白金交錯的古箏型短鍊」。
6：「觀劇鏡（附把手）」（5、6皆出自《三越》，1913年9月號）。

第一章

邁向遠東帝國與百貨公司之路

1 從三井吳服店到三越吳服店

一九〇四年之於三越吳服店是重要的一年。當年十二月六日，株式會社三越吳服店成立，由日比翁助擔任專務取締役，承接無限公司[1]三井吳服店的業務，公司標誌為「圓框裡一個越字」。寄送公司成立大會通知給股東後沒多久，《東京朝日新聞》於十一月十九日刊登了一篇報導〈三井吳服店變更〉，指出三井家決定鎖定銀行、貿易與礦山三種業務，考慮結束吳服店。最後，三井結束了大阪分店，東京總店則由三井家的重要人物繼承，由於三井高利在一六七三年開設名為「越後屋」的吳服店，因此取三井家的「三」與越後屋的「越」為新公司命名。

三越承接三井吳服店的業務，也就此接收了三井從十九世紀末到二十世紀初所推動的近代化成果——近代化所帶來的巨大變化之一，便是成立商品陳列區。三井吳服店在一八九九年一月創辦了日本企業第一本公司誌《花衣》，脫胎自《花衣》的月刊《時好》則在一九〇三年八月創刊。見物左衛門在《時好》連載的文章〈三井吳服店縱覽記〉便描述了當時店裡的景況。

〈三井吳服店縱覽記（十三）〉（《時好》，一九〇四年八月號）中有一節提到：「我參觀了所有陳列商品的賣場，除了辦公室，已經沒有需要一探究竟的地方。觀察職員的工作情況，想必能學到許多，但這不是本次參觀的目的。該做的是把五彩繽紛的景象刻劃在心上，回到故鄉向親朋好友吹噓這番光景之體面與準備之周到。該打聽的是準備給小女等人的銘仙[2]質料衣物，搭配其他內衣與裡襯，究竟該買多少新衣服呢？」店內的景象（「光景之體面」）與齊全的品項（「準備之周到」），值得回到故鄉向親朋好友吹噓一番。三井吳服店之所以呈現這番嶄新的氣象，都多虧了商品陳列區。

一八九五年八月，三井吳服店對整體經營進行了大幅改革，成立進貨、設計、賣場、商品陳列區、到府服務、記帳、會計、出納、客訂與庶務等部門，並各自決定負責人；財務的記帳方式也從江戶、明治時代的大福帳改成簿記式；而站在顧客的立場來看，變化最大的莫過於商品陳列區。這年十一月，三井在樓上新開設的商品陳列區設置了玻璃櫃來展示商品，消費者可以自由遊走於各個玻璃櫃之間挑選琳瑯滿目的商品。相較於過去的座賣法只能從店

譯註

1 指股東必須承接公司無限連帶責任的經營形式。

2 目前的說法以「銘仙」為主流，三越剛開始販售時稱為「銘撰」。

家挑選後展示在榻榻米上的部分商品中選擇，新型態陳列區的商品選項比以往多得多，消費者也不需要有所顧慮或客氣。這種銷售方式在五年後的一九〇〇年十月擴大至整間東京總店。見物左衛門在〈三井吳服店縱覽記（十）〉（《時好》，一九〇四年五月號）中如此描

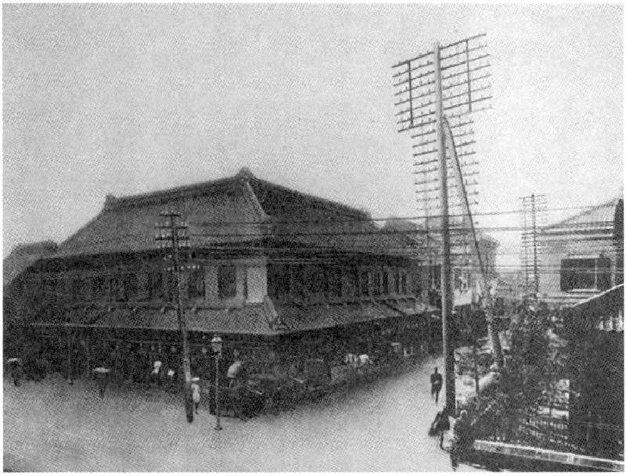

上：三井吳服店的外觀（《大三越歷史照片帖》，1932年11月，大三越歷史照片帖刊行會）。時代為1894～1895年，正值越後屋的門簾即將換成三井吳服店的門簾之際。從照片可以看出配送用的有車廂馬車就停在路邊。
下：三井吳服店店內的情況（《三越的軌跡》，1954年11月，三越總部總務處）。1895年11月在二樓首次設置了採用玻璃櫃的陳列區，一樓賣場則是遵循過往的方式，由店員從倉庫取貨，展示在榻榻米上供顧客挑選。

述於玻璃櫃間穿梭的顧客：

穿過玻璃櫃之間的縫隙，映入眼簾的是櫃子裡陳列的領帶、手帕、襪子、和服腰帶與其他各類商品。我不曾踏上外國的土地，因此許多商品都是初次見到，必須一一詢問用途。最好笑的是我想買個形狀奇特的頭巾送給姪女，告訴店員後，對方卻說那是套在茶壺上的布套，避免茶水涼掉。我記取教訓，接下來一一詢問這塊絹布的用途為何、那塊織物又作為何用，這番囉嗦的詢問想必對店員造成困擾，對方卻面不改色，仍舊恭敬客氣地介紹。當我詢問角落繡有花卉圖案的紡綢抱枕是外國人的枕頭嗎？對方又笑了。

玻璃櫃裡陳列的不僅是日本人熟悉的商品，也有外國製的舶來品和出口用的商品。「我」不曾出過國，櫃子裡的商品多半都沒見過，要是不知道西方的客廳裡有沙發，那麼把抱枕誤以為是睡覺用的「枕頭」也不足為奇。於一八九六年進入越後屋工作的中村利器太郎，日後曾在著作《我所見之三越回顧錄》（一九三六年八月，日本百貨店通訊社）提到三井吳服店原本計劃出口紡綢，為此在一八九八年十二月於橫濱成立吳服部的臨時販賣處，隔年十一月又在產地越前福井設立臨時販賣處，但後來由於紡綢價格暴跌，於是在一九一〇年三月關閉了這兩處臨時販賣處。〈三井吳服店縱覽記（十）〉中的「我」所看到的抱枕，或

前往歐洲考察時的藤村喜七與山岡才次郎（《大三越歷史照片帖》，1932年11月，大三越歷史照片帖刊行會），拍攝時期應為1886～1887年左右。

許是原本計劃出口的商品吧。

「我」所看到的領帶與手帕則可能是舶來品。二十世紀初期，男性西服在日本尚未普及。越後屋更名為三井吳服店之前，曾於一八八八年一月在越後屋西側開設三越西服店，為此，常務取締役（常務理事）藤村喜七才在職員山岡才次郎陪同下，於兩年前造訪法國。根據中村利器太郎前引書所言，他們自巴黎聘請了法籍女性「裁縫師」，好不容易才開了西服店，儘管也曾提供「皇室衣物」，但最後還是不得不在一八九五年十二月關門大吉。因應西化政策於一八八三年十一月落成的鹿鳴館，在三年後所舉辦的舞會卻成為批判歐化主義的箭靶——在在顯示西服店似乎開得太早，時代尚未跟上腳步。然而這項錯誤的嘗試，卻促使三越吳服店於一九〇六年成立西服部。

見物左衛門在〈三井吳服店縱覽記（十三）〉中提到，「我」繞了商品陳列區一圈，結帳之後在店員的催促之下走進休息室，在此「喝茶抽菸」。過了一會兒，另一位店員拿來寫了號碼的小木牌，告訴「我」等一下到入口旁的「領貨處」拿出小木牌即可領取購買的商品，在商品準備好之前不妨小歇片刻。店內樓上樓下都設立了休息室，由迎賓人員端來配茶的點心招待，顧客可在此稍作休息。他也在〈三井吳服店縱覽記（十一）〉（《時好》，一九〇四年六月號）中描述「我」忙著觀賞從美國進口的蠟像與「西洋婦女配戴的首飾與衣領飾品」等，不知不覺便到了下午一點，正想打道回府之際，店員卻表示已經備好午餐——看來針對重要的顧客，三井也會提供在休息室享用午餐的服務。

除了商品陳列區與休息室等設備，以及經手的商品之外，三越吳服店還承接了三井吳服店落實近代化的成果——與藝術家緊密的關係便是其中一例。三井吳服店在一八九五年十二月成立設計部，邀請島崎柳塢、高橋玉淵與福井江亭等活躍於十九世紀末到二十世紀初的日本畫畫家一同開發新設計。〈三井吳服店縱覽記（九）〉（《時好》，一九〇四年四月號）中寫道「裝飾櫃右邊數來第十一個賣場主要陳列提供給外國人的商品。當對方領著我前往賣場時，右邊的大桌旁坐了好幾位畫家正在揮毫」，這應該就是指高橋玉淵等人吧。在三井吳服店裡，西式設計與日式設計是和平共存的。順帶一提，高橋在一九〇〇年的巴黎世界博覽會與一九〇四年的聖路易斯世界博覽會都曾經獲得銅牌。

除此之外，三井吳服店也錄用了女性店員。針對這一點，中村利器太郎在前引書中提到：「這家店是在一八九九年二月首次嘗試雇用女性員工，一年後的一九〇〇年二月錄用總機小姐，一九〇三年六月首次讓女性站上賣場。一九〇三年六月徵才之時，一共有四百四十九人應徵，錄取二十六人，這二十六人正是第一次站上賣場。」三井吳服店在二十世紀前夕開始雇用女性店員，到了越來越多女性進入職場的一九三〇年代，三越吳服店則已經成為高等女學校畢業的女性夢想的職場。

三井吳服店依照標價販售的作法，也吸引了東京、外地甚至對岸的朝鮮半島、中國與西方諸國的消費者上門。《時好》一九〇四年三月號所刊登的〈訂購說明〉中提到「本店商品一律標明價格，來店購買之金額與自外地寄送書面訂單之定價相同」，依照標價銷售消弭了中央與地方的價差，也成為品質保證的象徵。住在外地或海外的消費者向三井吳服店訂購和服時，要告知性別、年齡、尺寸與喜好的圖案，如果訂購的是染色的和服，則須告知顏色、家徽的大小與數量[3]。三井吳服店則會依照顧客的需求估價，提出報價單，倘若顧客想訂製有圖案的衣物，也可郵寄草稿以供參考。要是能趁著前往東京出差或觀光時順道造訪三井吳服店，那麼商品選項又會大幅增加。

2 日俄戰爭戰況與國粹主義

三越吳服店在一九〇四年承接了三井吳服店的業務，而日本也是在這一年正式踏出成為遠東帝國的步伐。當時日本急速推行近代化，中日戰爭之後，藉由一八九五年四月締結的《馬關條約》，首次取得殖民地。中國割讓了遼東半島、台灣與澎湖群島，並承認朝鮮獨立，然而在德國、法國與俄國三國干涉之下，日本不得不放棄整個遼東半島。俄國在三年之後與中國簽訂《中俄密約》，取得遼東半島上大連與旅順的租借權，以及建設東清鐵路的權利。義和團事件後的一九〇〇年十一月，俄國又取得單獨掌控滿洲占領地區的權利，大清帝國幾乎淪為列強的殖民地。

俄國獲得了位於遠東的不凍港，在旅順建設太平洋艦隊的基地，一九〇三年七月，東清鐵路完工，包含貝加爾湖航線的西伯利亞鐵路全線開通，儘管貝加爾湖支線尚未竣工，但俄國已經可以將軍隊從靠近歐洲這一側送往遠東地區。在此同時，日本也計劃擴張帝國領土，

3 和服上的家徽多為染色而成，數量越多，表示該和服越正式。

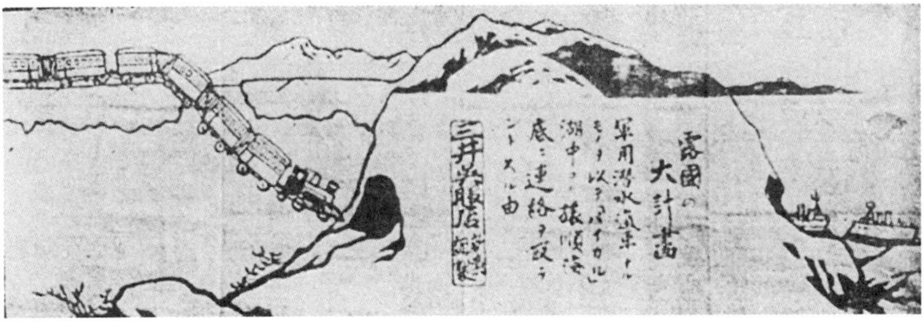

《時好》1904年5月號刊登的〈新發行之諷刺畫手帕〉。三井吳服店當時準備了三種圖案，立刻銷售一空，尤其受到外國旅客歡迎，據說補貨了好幾次。

兩國於是在朝鮮半島對峙。一九〇四年二月八日，日本陸軍的先遣部隊從仁川登陸，海軍的聯合艦隊亦攻擊旅順港外的俄國艦隊，日俄戰爭因而爆發。陸軍第一軍於五月一日穿越鴨綠江，占領九連城；第二軍於二十六日占領南山、三十日占領大連。俄國的旅順艦隊決定等待波羅的海艦隊赴遠東馳援，故選擇在旅順港內伺機而動，改由海參崴艦隊與日本海軍交戰。

三井吳服店當時開始舉辦捐贈補給品到戰地的活動，凡是購買店內商品，皆可委託店家送至戰區，此外還販賣起戰勝諷刺畫手帕與戰勝方綢巾，上圖即為諷刺畫手帕的圖樣之一。由於貝加爾湖到了冬天會結冰，俄國因而建設冰上鐵路以運送軍隊與補給，〈新發行之諷刺畫手帕〉（《時好》，一九〇四年五月號）中的這幅諷刺畫，便是在揶揄貝加爾湖的冰上列車脫軌事件，宣稱「墜落湖中的火車其實是軍用潛水火車，俄國人嘗試建立貝加爾湖通往旅順海底的通道」。因為湖面結冰到了春天便會融化，就無

《時好》1904年10月號刊登的「占領遼陽紀念手帕」。

法利用冰上鐵路，俄國為了克服這項問題加緊趕工，於一九〇四年九月完成了貝加爾湖支線。

俄國在旅順建立了堅固的要塞，日本陸軍命令乃木希典大將擔任司令官，率領第三軍進攻旅順，在八月十九日發動第一回總攻擊，結果以失敗告終，死傷人數為一萬五千八百六十人。然而死傷眾多的不僅是旅順。沒多久後的八月二十八日，日本陸軍第一軍、第二軍與第四軍又朝遼陽進攻，於九月四日占領遼陽。上圖即為一九〇四年十月號的《時好》所刊登、三井吳服店販賣的「占領遼陽紀念手帕」，圖樣是三名日本士兵照顧倒地的俄國軍人。遼陽會戰之際，雙方戰力合計共二十八萬人，但死傷的不僅是俄國士兵，日軍也有兩萬三千五百三十三人死傷。

小說家遲塚麗水當時發表了小說〈軍人之妻〉（《時好》，一九〇四年八月號），故事描述男子香山樟雄受到徵召入伍，派往日俄戰爭戰場，妻子勝子後來在家中做家庭代工時聽到「日本大捷的號外」，隔壁已經退休的老人家拿到了號外，勝子向他詢問內容，對方告知是日軍南山一役告捷。日軍此役的實際死傷人數為四千三百八十七人，小說中則是設定為三千人。當天夜裡，勝子夢見丈夫戰死沙場，心想「真是討人厭的夢，但願現實與夢境是相反的」，然而醒來沒多久，她便接到通知丈夫殉國的電報。由當時勝子對兩個孩子說的話，或許可以一窺這篇小說的意識型態：「今後就靠媽媽一個人代替爸爸，撫養你們長大成人。」作者認為戰死是「為國效勞」，也是軍人的「光榮」。

旅順的要塞看起來堅不可摧。十月二十六日，陸軍第三軍對旅順發動第二次總攻擊，造成多達三千八百三十人死傷，不得不撤退。十一月二十六日，發動第三次總攻擊途中陸軍突然改變目標，以攻下二〇三高地為優先——這是因為從二〇三高地可以俯瞰俄國旅順艦隊停泊的港口。日軍在此役中歷經一萬六千九百三十五名士兵死傷後，於十二月五日成功攻下二〇三高地。第一次總攻擊後的一九〇四年九月，作家與謝野晶子於新詩社創辦的雜誌《明星》發表題為〈君切勿死〉的詩作，副標為〈嘆於旅順圍剿俄軍之弟〉，詩人大町桂月因此發表〈詩歌之骨髓〉（《太陽》，一九〇五年一月號）一文，批判與謝野是「罪人」，對天皇「大不敬」，這番言論的背景便在於國粹主義的日益興盛。

而三越吳服店正是創立於第三軍占領二〇三高地隔天。當時日軍持續攻擊旅順要塞，直到俄軍司令官阿納托利．斯特塞爾（Anatoly Stessel）於一九〇五年一月一日投降，日軍於十三日進城接收。一月七日，東京市於日比谷公園舉辦慶祝攻破旅順的典禮，會場一帶聚集了數萬名民眾，並在西餐廳松本樓前施放煙火。〈東京市大祝捷會之光景〉（《東京朝日新聞》，一九〇五年一月八日）報導了離會場有些距離的日本橋區吳服店當天的景況：大丸吳服店展示了使用皺綢製作的工藝品，主題是「桃太郎入寶山」；三越吳服店以「新年之山」為主題展示了許多織品；白木屋吳服店則展示了「穿西服的少女」。這些雖然只是例行的新年裝飾，但走到街頭，映入眼簾的是引人注目的紅白布條，陸海軍軍旗與國旗更炒熱了勝利的氣氛。

日軍入城後的一月二十日，企業團體更舉辦了慶祝勝利的大會。根據〈昨夜之熱鬧光景〉（《東京朝日新聞》，一九〇五年一月二十一日）報導，從白天到晚上，煙火未曾停歇，日比谷公園四周人來人往，水洩不通。銀座通設置了燈飾光廊，當天色漸沉，大多數的人會從日比谷公園正門往東邊去，沿路的攤販因此生意興隆。這時新橋到京橋之間的照明也會一同點亮，加上各家商店的燈飾，景象十分壯觀。兩側的步道人潮洶湧，摩肩擦踵，京橋到日本橋一帶，也因為三越吳服店與三井銀行的燈飾而絢爛耀眼。

日本陸軍攻下旅順之後，便朝俄軍的據點奉天前進，於三月一日發動總攻擊，十日占領奉天，十六日占領鐵嶺，此時日軍死傷一共超過七萬人。〈昨日之熱鬧光景與慶祝勝利之人潮〉（《東京朝日新聞》，一九〇五年三月十三日）一文便報導民眾聽到捷報，在十二日星

三越吳服店販賣的「東鄉大將肖像織品」（《時好》，1905年4月號）。

期天時紛紛來到市區慶祝「帝國萬歲，滿洲軍萬歲」。人群蜂擁到了淺草與上野等鬧區，日本橋區也裝飾了國旗與燈籠，營造熱鬧的氣氛。當天色變暗，三越吳服店與三井銀行點亮了聞名的燈飾，周遭人潮更是擠得水洩不通。慶祝活動持續到隔天，還有超過兩千五百名慶應義塾大學的學生舉辦火把遊行，一行人由芝園橋出發，行經新橋與京橋，通過三越吳服店門前。

陸軍第三軍對旅順發動第一次總攻擊前夕，也就是一九〇四年八月十日，俄軍的旅順艦隊終於出港，嘗試突破日軍聯合艦隊的包圍卻失敗，只得退回旅順——這場戰役即為黃海海戰。儘管海參崴艦隊擊沉日本陸軍運輸船，立下戰功，最終仍於八月十四日的蔚山海戰遭到重創。如同三井吳服店會製作戰勝諷刺畫手帕與戰勝方綢巾，三越吳服店也會製造、銷售慶祝戰勝的紀念品。右圖即為〈落英繽紛〉（《時好》，一九〇五年四月號）一文介紹的戰勝紀念品「東鄉大將肖像織品」。這項織品是室內的掛毯，毯子上織的是「世界英傑・聲名遠播的勝利提督東鄉海軍大將」肖像。

然而東鄉平八郎真正成為「世界英傑」的契機，是由於在隔月的對馬海峽海戰中大獲全勝。一九〇四年十月十五日，俄國波羅的海艦隊從芬蘭灣（Gulf of Finland）外的利包港（Libau，現名利耶帕雅，Liepāja）出發朝遠東前進，這趟漫長的旅程持續了半年多，隔年五月二十七日，其與聯合艦隊爆發衝突，雙方展開砲擊，兩軍攻勢延續到隔天。波羅的海艦隊遭到擊沉的戰艦多達二十一艘，加上被捕獲與扣押的在內，近乎全軍覆沒，相較之下，日軍僅僅損失了三艘魚雷艇，乃是海戰史上罕見的一面倒的局面。美國總統老羅斯福因此提議談和，雙方最後在一九〇五年九月五日簽訂《朴資茅斯條約》，日俄戰爭就此畫下句點。

日本打敗俄國，顛覆了世界各國對日俄戰爭的預測，同時將眾人的目光帶往三越吳服店。〈勝利與和服〉（《讀賣新聞》，一九〇五年六月十日）文中提到，原本就有不少外國人會購買以友禪染製的和服當土產，但日俄戰爭之後購買的人數更是急速增加。許多外國人為此造訪三越吳服店，例如阿姆斯壯（Armstrong）公司的負責人買了黑玲瓏織繡圖案的袷[4]，德國武官買了友禪染的皺綢布，美國的富翁買了白絹無垢袷[5]與織紋紡綢長襦袢[6]

4 有裡襯的和服。
5 外側與裡襯質地相同的和服。
6 和服的內衣。

等，據說光是親自上門的客人便購買了一百數十件，也有不少人來函郵購。國外則流行起在婦女的外套加上「和風」刺繡，西方世界對遠東日本的興趣，在消費的領域就轉化為對三越的矚目。

3　三越的凱旋門與三笠艦材製成的紀念品

日俄簽訂《朴資茅斯條約》隔月，東京市區處處可見民眾紛紛準備迎接海軍凱旋。一九〇五年十月二十日，《讀賣新聞》刊登了題為〈市區準備歡迎凱旋〉的報導，東京市內如淺草的雷門遺跡與上野公園的黑門遺跡處，都預定興建凱旋門。三越當然也參與了這場盛事，在正面入口處建造了高約十二公尺、寬約二十七公尺的灰泥漆木門，南側的柱子上寫有「陸海軍萬歲」，北側的柱子上則寫了「帝國萬萬歲」。這座凱旋門以花卉圖案裝飾，上方插滿了國旗與連隊旗，側面也建造了象徵歡迎的木門，匾額上則有「歡迎」兩字，入夜後便會點亮二十盞弧光燈。

下頁圖是一九〇五年十一月號《時好》所刊登的〈夜晚的三越凱旋門〉。該期的文章〈三越的凱旋門〉中提到三越的凱旋門與新橋、京橋、日本橋並列東京市四大凱旋門。雄偉的凱旋門一旦受到眾人矚目，就會有更多客人上門、帶動營業額吧！但三越不單單是為了賺錢而興建凱旋門，而是傾向國粹主義，要一同慶祝戰後軍隊的凱旋。

由於歸國軍隊與士兵人數眾多，無法一天之內就完成凱旋儀式。一九〇五年十月二十三

〈夜晚的三越凱旋門〉（《時好》，1905年11月號）。10月24日，兩匹白馬拉著花車，載著東鄉平八郎經過三越。車道兩側來看熱鬧的民眾人山人海。

日的《東京朝日新聞》便刊登了〈日本鐵路火車時刻修正〉，告知凱旋軍隊由二十八日開始搭乘火車回國，因此火車全線從當天開始調整時刻。日本鐵路為了慶祝軍隊凱旋，在上野站等主要車站裝飾旗子，晚上則點亮燈飾，凱旋的士兵還獲贈方綢巾作為「戰勝紀念」，圖案是兩隻鴿子和軍旗，同樣是委託三越吳服店製作。

十月二十二日，東鄉平八郎聯合艦隊司令長官等各隊司令長官早軍隊一步回到東京，這一天恰好是星期天，天氣又晴朗，根據〈東鄉大將凱旋盛況〉（《東京朝日新聞》，十月二十三日）報導，「沿路萬人空巷，旗海飄揚，盛況空前，難以筆墨形容」。一行人搭乘的火車預定停靠的新橋站前廣場和往櫻田門的路上人滿為患，民眾揮動手上的國旗表達歡迎之意，砲兵隊在日比谷公園持續鳴放禮炮、施放煙火，還有英國艦隊所屬的樂隊在音樂堂演奏音樂。東鄉等人所到之處擠滿了市民，都是為了一窺「英姿」，眾人紛紛揮動帽子，或是高舉雙手、連聲呼喊「萬歲」。東京市推出精心裝飾的花電車，三越吳服店也推出自行裝飾的汽車來炒熱氣氛。

到了晚上，前來參觀燈飾的民眾更是人山人海。〈前天晚上的首都盛況〉（《東京朝日新聞》，十月二十四日）一文報導，成千上萬的市民不分「男女老少」，都前來觀賞新橋站前凱旋門的燈飾。尤其是晚間七點到九點之間，原本在場的觀眾流連忘返，剛到的觀眾又從四面八方湧來，場面擁擠，進退不得。銀座的博品館、啤酒屋、天賞堂與明治屋等店家附近有好幾處設有燈飾，路上萬頭攢動，員警指揮交通到嗓子都啞了，民眾卻依舊互相推擠，動彈不得。從京橋往日本橋方向的三越吳服店與白木屋吳服店附近也門庭若市，和銀座一樣水洩不通。

十月二十三日，官方舉辦海上閱兵典禮，列隊的包括台南丸等軍艦，隔天亦在上野公園舉辦盛大的歡迎會。二十五日的《東京朝日新聞》大篇幅報導了閱兵典禮與歡迎大會，根據〈海軍大歡迎會〉報導，歡迎會的來賓不僅包括東鄉大將與各隊司令長官，還邀請了參謀幕僚與軍官等。從新橋站到上野東照宮是裝飾馬車遊行的路線，馬車從底座到車輪都裝飾了黃色、白色的菊花和杉樹葉，路上的人群一看到遊行隊伍便高呼「萬歲」，歡呼聲從新橋到上野不絕於耳，「東京全市」簡直都為之「震動」。另外根據〈歡迎東鄉大將的沿路光景〉

（《東京朝日新聞》，十月二十五日）報導亦可知日本橋一帶的情況。橋梁以紅布與白布包覆，民眾夾道歡迎，其中包括三百五十名日本橋藝妓，東鄉注意到這群美女時，也不禁露出微笑。當時三越吳服店設置的歡迎門「雄偉壯觀」，三井家於街角設立的歡迎所也美輪美奐。

「新橋凱旋門」的明信片，背面印有「UNION POSTALE UNIVERSELLE CARTE POSTALE」字樣。

「日本橋凱旋門」的明信片，背面印有「UNION POSTALE UNIVERSELLE CARTE POSTALE」字樣。

夜色漸深，人潮卻絲毫未曾散去。〈市區前天夜裡之熱鬧光景〉（《東京朝日新聞》，十月二十五日）一文報導，二十三日夜間和前一天晚上同樣熱鬧非凡。當凱旋門點亮燈飾的時刻一到，新橋、京橋與日本橋便聚集了數萬名民眾，人山人海導致眾人動彈不得，巡佐與警員等人手握劍柄、搖晃燈籠，大聲催促眾人繼續前進，不要停下腳步。男士不知不覺弄丟了帽子，女士的髮型在推擠中散亂，有些人則掉了一支木屐，只好赤著腳行動；有些孩子更害怕到緊抓著父母不放。三越吳服店與白木屋吳服店前，群眾喧擾的聲響可說是「震耳欲聾」，路上的電車擠滿了乘客，晚間十一點之後依舊擁擠不堪。

儘管三越吳服店與白木屋吳服店都在慶祝日軍凱旋，展現的品味卻有些許差異，〈明信片集〉（《讀賣新聞》，十一月一日）一文報導前者「洗鍊時髦」，後者則像是「和室壁龕的插花」。由於對馬海峽海戰大獲全勝，東鄉平八郎大將率領聯合艦隊凱旋才吸引了眾人熱烈歡迎，凱旋門與燈飾明明不是只維持一天的裝置，卻天天都門庭若市，因此認為民眾最大的目的其實並非凱旋門與燈飾也不奇怪。〈前天夜裡市區之熱鬧景象〉（《東京朝日新聞》，十月二十六日）報導「群眾為了看熱鬧而來，自己也化身為『熱鬧』的一部分」，這或許正是國粹主義狂熱的本質。

一九〇五年十月進行凱旋遊行的是海軍，接著才是陸軍。根據〈三越吳服店歡迎陸軍活動〉（《東京朝日新聞》，十一月十六日）報導，當初三越的凱旋門本來是採用海軍風，後來又因應陸軍凱旋而更換裝飾，最明顯的變化就在於配合陸軍的軍服改成軍綠色。隔年二月十七日的《東京朝日新聞》刊登了標題為〈第二次歡迎會沿路雜感——上野到萬世橋〉的報導，介紹陸軍野戰砲兵第一中隊領頭的凱旋遊行，並提及「三越的凱旋門一如往常，華麗絢爛」。

聯合艦隊司令長官東鄉平八郎在對馬海峽海戰所搭乘的軍艦「三笠」是由英國的造船廠所建造，並在一九〇〇年下水。對馬海峽海戰之後的五個月，一九〇五年十月號的《時好》刊登的〈紀念軍艦香取下水典禮明信片〉提到「東鄉大將所搭乘之三笠艦，日前由於意外的火災而沉沒，實在令人悲嘆。國民誠感不安」。其實《朴資茅斯條約》簽訂僅僅六天後的九月十一日，停靠在佐世保港的三笠艦便由於後半部彈藥庫爆炸起火，造成了三百多人死傷，船艦也因而沉沒。直到一九〇六年八月打撈起來之後，才送往佐世保工廠修理，並於兩年後復役。

三笠艦修理過程中拆除的材料由三越吳服店收購，做成紀念品販賣。〈三越的日俄海戰紀念品〉（《東京朝日新聞》，一九〇八年十一月二十八日）一文報導，「十二月一日開始，於敝店提供給所有希望購買之顧客」。想要把勝利的回憶化為實體收藏的民眾於是爭先恐後前往三越搶購，報導並提及「以三笠艦的廢材所製成的花瓶、架子、書桌與硯盒保留了戰爭的痕跡，製作精妙，造型高雅，不少人視為珍寶，想放在手邊」。三井吳服店／三越吳服店在日俄戰爭期間與戰後，都製作了許多紀念品，其中最能讓人實際體會到戰爭的，應該就是這些以廢棄的軍艦材料所製成的商品。

這般狂熱的國粹主義風潮在《朴資茅斯條約》簽訂半年後沉靜下來，其中一項特徵是流行的和服顏色有所不同。〈染色的變遷〉（《東京朝日新聞》，一九〇六年十二月七日）提及日俄戰爭之後，民眾的購買力提高，三越吳服店在年底陸續接到春裝的訂單，但友禪和服的產量趕不上下單的速度，最後不得不謝絕訂購。這番盛況持續了一陣子，當時流行的顏色卻出現了變化——戰爭期間到戰後流行的是豆沙色、葡萄色與紫色等紅色系，三越的專責人員表示這是「由於致力於盡忠報國，故以紅色為尊」，而一九〇六年春天到隔年流行的則是「象徵戰勝後和平氣象」的藍綠色。

4 英日同盟更新與印製明信片

一八九五年在中日戰爭中大敗的大清帝國，成為了西方列強與逐漸發展為遠東帝國的日本爭奪霸權的舞台。鴉片戰爭後，英國透過一八四二年簽訂的《南京條約》，迫使清廷開放廣東、福建、浙江、福州與上海[7]通商，同時取得香港島，大清帝國因而淪為英國的半殖民地。然而清廷為了支付給日本的賠款而向俄國與法國借款，又導致情勢丕變，法國與俄國分別自其南北兩端入侵，一八九八年，俄國取得大連、旅順的租借權與東清鐵路的建設權，兩年之後發動軍事攻擊，占領滿洲。到了這個地步，英國也無法無視俄國的作為，其對南下的俄國懷抱戒心，日本則與俄國隔著朝鮮半島對峙，英日兩國的利害關係日趨一致。

兩國因此於一九〇二年一月締結英日同盟，盟約規定其中一方於中國、朝鮮半島與他國交戰時，另一方必須維持中立；他國為複數者，則須參戰支援——而日本所在意的他國正是俄國。英日同盟的期限為五年，但締結兩年後的一九〇四年二月便爆發了日俄戰爭，日軍攻下旅順，並在對馬海峽海戰大破波羅的海艦隊。自此之後，英日同盟不再是單純的防禦關係，而在經過多次協議後變更為支援對方攻擊。日俄簽訂《朴資茅斯條約》的前一個月，也就是一九〇五年八月，英日兩國於倫敦簽訂《第二次英日同盟條約》，適用範圍由中國與朝鮮半島擴大至英國的殖民地印度，另一方面，英國同意讓韓國納入日本保護，參戰條件也由他國為複數變更為單數即可參戰支援。

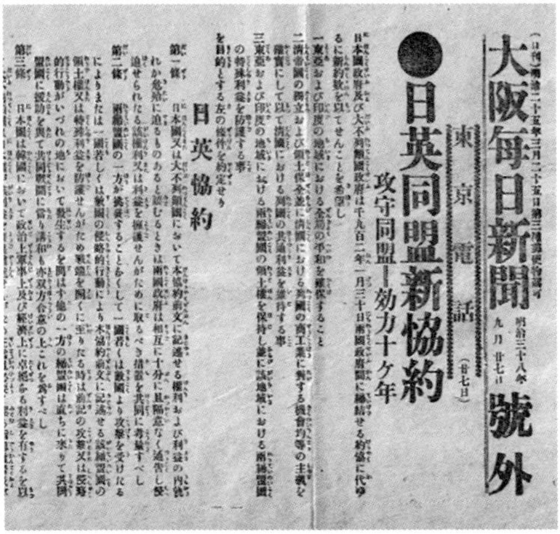
大阪每日新聞 號外

東京電話

●日英同盟新協約

攻守同盟—効力十ケ年

日英協約

第一條

第二條

第三條

1905年9月27日的《大阪每日新聞》號外（局部）。報導兩國簽訂《第二次英日同盟條約》，第三條為承認日本取得「指導監督及保護」韓國的權利，第四條則承認英國可在印度採取必要措施以「維護領土權」。

英日同盟更新，促使日本大幅成長為遠東帝國。一九〇四年二月，日本向俄國宣戰兩星期之後，與韓國簽訂《日韓議定書》，韓國同意日本徵收軍事必要用地以維護韓國皇室領土。三個月後，日本內閣會議通過將韓國納入保護國，同年八月簽訂的《第一次日韓協約》則規定韓國必須任用日本推薦的財政與外交顧問。在英國承認日本成為韓國保護國的《第二次英日同盟條約》簽訂三個月之後，也就是一九〇五年十一

7 具體為廣州、廈門、寧波、福州與上海。

月，日韓簽訂《第二次日韓協約》，日本在京城設立代表日本政府的統監府，這也是邁向一九一〇年八月合併韓國、殖民朝鮮半島的其中一步。

日本的國粹主義者因為與歐洲帝國的巔峰大英帝國結盟，而感到與世界數一數二的帝國並駕齊驅的自信與喜悅，因此締結《第二次英日同盟條約》的兩個月之後，也就是聯合艦隊司令長官東鄉平八郎凱旋回京十天前的一九〇五年十月十二日，英國艦隊一行人造訪東京，獲得了盛大歡迎。根據〈市區歡迎活動（英國艦隊訪京）〉（《讀賣新聞》，一九〇五年十月十一日）報導，十二日與十三日兩天，芝濱崎町與日比谷公園都施放起絢爛的煙火，煙火鋪鍵屋除了製造「黃菊」、「黃煙柳」與「金魚」等一般煙火，也提供「日英國旗」、「日英海軍大將」、「日英海軍士兵」與「印度大象」等特殊煙火。

歡迎英國艦隊並不只是海軍等公家機關的官方活動，只要走在東京街頭，便會發現處處都在舉辦歡迎英國艦隊的活動。例如三越吳服店在入口掛上「萬歲」標語，還擺上軍艦模型，入夜之後，燈飾更是閃爍耀眼；日比谷公園則仿效天皇觀賞相撲的儀式企劃相撲比賽，東京市各區也紛紛炒熱氣氛，如麴町區、四谷區與牛込區就在街頭醒目的地方豎起日英兩國的大型國旗，並設置歡迎所與休息室。

兩國國旗交叉豎立象徵結盟，〈外賓來京　市區熱鬧非凡〉（《東京朝日新聞》，一九〇五年十月十三日）一文報導，這種懸掛方式正是基於外務省與海軍省的指導。新橋站附近，前來歡迎的民眾摩肩擦踵，銀行與公司行號之外，連餐廳和出租會場（收取費用，出租家中客廳）都交叉懸掛著英日兩國的國旗。攜帶小國旗的民眾擠滿了歡迎會的會場日比谷公園，他們手中的小國旗一開始是賣一錢五厘，但轉眼間便漲到兩錢五厘。連結新橋與日本橋的銀座通沿路的商店掛滿綠葉、圓形燈籠、彩旗與布條等，三越吳服店的人潮尤其多，報導指出「三越裝飾豪華洗鍊」，眾人看得嘖嘖稱奇。

《風俗畫報》於1905年11月1日發行特輯〈歡迎英國艦隊照片集〉，紀念英國艦隊造訪日本。這張照片便引自該雜誌，乃英國海軍在啤酒屋前與藝妓合照。

十月十二日的歡迎會在日比谷公園舉辦至下午四點，英國東方艦隊司令長官羅維爵士（Sir Gerard Noel）與眾艦長受邀參加晚宴，士官以下的英國海軍則在市區自由觀光。〈外賓來訪與大都夜況〉（《東京朝日新聞》，一九〇五年十月十四日）報導新橋站附近的士兵有些把燈籠戴在頭上，有些吹著玩具喇叭和敲鼓，有些則手持紙風車與花傘在街上漫步，「天真快活的模樣」在日本人心中留下好印象。士兵們聽到青年音樂隊的演奏，跟著在石板路上跳起舞來，每跳完一首曲子，周遭的觀眾便拍手喝采，朝上野前進的一行人在觀賞小學運動會時還受到日本人招待啤酒。雖然交由外語學校的學生負責口譯，學生人數卻不足以應付所有士兵，士兵看到中學生便和對方握手，一一提問，不同於官方活動，街頭四處可見民間交流的景象，大幅提升日本國民對英國的親近感。

三越吳服店與英國艦隊的關係不僅止於軍艦模型與燈飾等迎賓裝飾，三越在十月十五日舉辦的新設計展示會陳列了織品製造商投稿的設計與元祿時代[8]的複製品，〈三越吳服店新設計展示會〉（《讀賣新聞》，一九〇五年十月十八日）一文報導，羅維爵士於十七日來到三越參觀展示會，在日比翁助的導覽下購買了大量商品。四天後的二十一日，歌舞伎座舉辦了歡迎艦隊的狂言演出，〈企業家主辦戲劇表演歡迎英國嘉賓（於歌舞伎座）〉（《東京朝日新聞》，一九〇五年十月二十日）報導為了紀念英日結盟，歌舞伎座還向三越訂購了新的舞台布幕。

當時相機尚未普及到一般家庭，因此三越吳服店每逢盛大活動便會印製明信片分發，日俄戰爭結束後的隔月，也就是一九〇五年十月之後，三越配合英國艦隊訪日以及海軍、陸軍陸續凱旋，曾在那幾個月間多次製作明信片，〈歡迎與紀念明信片〉（《東京朝日新聞》，一九〇五年十月十四日）便介紹了英國艦隊停靠日本港口時所製作的明信片。當時製作明信片的不僅是三越吳服店，如日本橋的美明舍也曾拍攝英國艦隊進入橫濱港的情形，印製成六張一套的「歡迎明信片」，三越分發的「紀念歡迎明信片」，印的則是英國和日本的少女在兩國的國旗之下手牽手。

英國艦隊訪日沒多久，日本海軍凱旋，於十月二十三日舉辦海上閱兵，解除戰時戒備，恢復了平時的狀態，三越吳服店還特意印製設計精良的明信片以紀念這場活動。《時好》一九〇五年十一月號的〈大型海上閱兵典禮與凱旋紀念明信片〉一文提及，三越配合海上閱兵典禮製作的明信片分發給了「朝野名士」。此外凱旋門落成時，三越亦曾製作紀念明信片當作來店禮發送，陸軍凱旋時則印製了三種明信片，〈陸軍凱旋紀念明信片〉（《時好》，一九〇五年十二月號）報導三越製作了「滿洲軍總司令部凱旋紀念」、「近衛師團凱旋紀念」、「第一師團凱旋紀念」共三款明信片，各印製十多萬張，送給陸軍並當作來店禮。上圖即是「第一師團凱旋紀念明信片」，右側繪有一柄劍，下方則印有「三越吳服店謹製」的字樣。

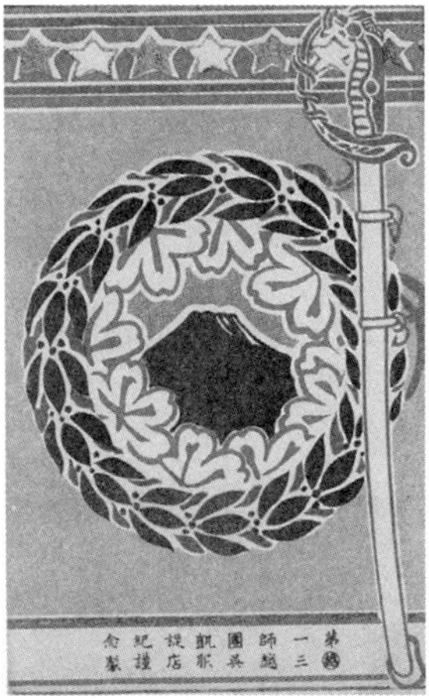

三越吳服店製作的「第一師團凱旋紀念」明信片。

8 即一六八八～一七〇四年。

《讀賣新聞》一九〇五年十二月十四日刊登的〈三越吳服店的奇特之處〉，提到了一開始製作的「滿洲軍總司令部凱旋紀念」明信片的軼事：當時三越吳服店得知砲兵工廠的工人會搖旗遊行經過店前，於是準備了三萬兩千張這款明信片，打算送給工人。未料當天下雨，隊伍混亂擁擠，三越只得把明信片送到砲兵工廠，請工廠代為分發。

之後每逢舉辦日俄戰爭相關活動時，三越都會製作明信片。〈準備靖國神社大型祭典〉（《東京朝日新聞》，一九〇六年四月二十一日）一文便報導，遞信省為參加祭典的遺屬準備了四萬張戰役紀念明信片，陸軍省則決定贈送遺屬平常發給出征士兵的點心，而三越也準備了五萬張明信片，印有以桐花與菊花所組成的蝴蝶與靖國神社，連同遞信省與陸軍省的紀念品一同分發。

5 列強的皇室、高官與軍人造訪三越

三越吳服店成立之後，不時迎來海外貴賓。在日俄戰爭戰勝了俄國的一九〇五年，來訪賓客便多半與這場戰爭有關，例如在對馬海峽海戰的前一個月，也就是四月二十九日，蒞臨的是日俄戰爭的觀察武官霍亨索倫親王（Karl Anton Joachim Zephyrinus Friedrich Meinrad）。下頁圖即是《時好》一九〇五年五月號所刊登的照片，記錄了親王抵達三越的景象。從正面的看板可知三越從四月一日開始舉辦新設計展示會與古代衣物蒔繪展示會。〈德國皇族穿著的和服〉（《讀賣新聞》，同年五月七日）報導親王從戰場回到日本，向三越訂製了自己要穿的和服，在五月四日收到了印有五個家徽、最為正式的黑底紡綢上衣等和服，除此之外，像德國皇族巴伐利亞王后（Queen of Bavaria）的和服則透過德國公使館訂購，於同月十六日交貨。

一九〇五年七月二十五日，老羅斯福總統的千金愛麗絲．羅斯福（Alice Roosevelt）與陸軍部長威廉．霍華德．塔虎脫（William H. Taft）來到橫濱港。塔虎脫三年後成為老羅斯福的下一任、也就是第二十七任美國總統。《東京朝日新聞》在七月二十六日刊登了〈歡

《時好》1905年5月號刊登的照片，標題為「德國皇族霍亨索倫親王蒞臨」。

迎美國貴賓雜記〉、〈貴賓來訪盛況〉等報導，提到橫濱本町通家家戶戶都懸掛著美日兩國的國旗，本町一丁目的轉角還設置拱門，以黃色菊花拼出「歡迎」的英文字樣。從海關前方到碼頭一帶人潮洶湧，民眾看到愛麗絲與塔虎脫便舉起帽子與手帕揮舞，表達歡迎之意，警官擔心眾人叫喊會嚇到馬匹，還在事前禁止民眾高呼「萬歲」。音樂隊在新橋站吹奏樂器，民眾呼喊「萬歲」應和，煙火會場則設在日比谷公園，東京街頭懸掛著美國國旗與紅白兩色的布條。

三越吳服店這回也傾力準備，要歡迎愛麗絲與塔虎脫光臨。一九〇五年七月二十七日，《讀賣新聞》的報導〈歡迎閒話〉提到「拼成英文Wellcome[9]的燈飾亮起的當天晚上七點到隔天二十八日，（三越）撤下每晚櫥窗內的商品，從面對駿河町那側到正面大馬路的櫥窗都掛上特製的元祿小袖，景象壯觀；同時還掛上一圈布條，布條前方陳列著武器甲冑等展品，異於尋常」，《時好》同年八月號便刊載了報導中提到

《時好》1905年8月號刊登的照片「三越吳服店於貴賓造訪東京期間的夜晚景色」。

的「WELCOME」燈飾照片。隔天的《讀賣新聞》在〈貴賓與三越吳服店〉一文中提到愛麗絲二十七日與「未來的夫婿尼可拉斯・朗沃斯（Nicholas Longworth）」順道造訪三越，據說她購買了「刺繡友禪」與「刺繡圖案」的和服，「心滿意足」地踏上歸途。

愛麗絲・羅斯福似乎對三越吳服店相當滿意，之後還曾再次光臨。《時好》一九〇五年十月號的〈贈送羅斯福女士的禮物〉一篇便提到她再度蒞臨時，收到三越贈送的一整套和服與配件，作為上次「購買各類商品」的回禮。除了感謝愛麗絲本人，可能也包括對於老羅斯福總統的謝意，因為前一個月的九月五日，日本才剛在老羅斯福的調停下與俄國簽訂了《朴資茅斯條約》。

9 此處依照報導原文的拼法。

愛麗絲・羅斯福（《時好》，1907年5月號）。

日本想與歐洲列強並駕齊驅，便必須展示出足以與列強抗衡的獨特文化。〈有栖川宮妃殿下喜歡的人偶（外賓的贈禮）〉（《讀賣新聞》，一九〇六年二月一日）報導有栖川宮妃殿下參加德國皇太子的結婚典禮時，挑選了日本的美術品作為送給某位貴賓的回禮，這件美術品是「現代風格的藝術人偶」，造型為「十七、八歲高雅的千金與十四、五歲可愛的女孩」，由位於日本橋十軒店（今室町三丁目）的永德齋製作。永德齋是知名的人偶師傅，和皇室的分支「宮家」關係緊密，至於人偶的衣物則由三越吳服店負責。

和服是日本獨特的文化，深受外國人喜愛。記者磯村春子在〈外國婦人眼中的三越吳服店〉（《時好》，一九〇七年七月號）一文寫道，有位外國女性認為世界博覽會上每個國家都大同小異，因此請她推薦有趣的觀光行程，她於是帶對方前往三越吳服店。兩人走近夏日衣物的陳列區時，對方表示「穿著如此價廉物美的衣物實在再幸福也不過了，我國近年來也逐漸流行起日本浴衣皺布的布料」；看到「徵稿活動所設計的和服下襬」，她又感嘆「僅有日本婦女的衣裳才看得到如此藝術的設計」；走到刺繡腰帶的陳列區時，她則依依不捨，遲遲無法移步。欣賞得到優美和服的吳服店——尤其是三越吳服店——之於外國人，可說是接觸日本文化之風雅的參觀景點。

《第二次英日同盟條約》簽訂半年後的一九〇六年二月，英國亞瑟王子（Arthur of Connaught）也造訪了日本。他出生於溫莎城堡，父親是維多利亞女王（Queen Victoria）的三男，母親是普魯士的路易斯・瑪格麗特公主（Princess Louise Margaret）。〈東京式歡迎會諸侯遊行〉（《讀賣新聞》，同年二月二十二日）一文報導，東京市將在二十六日舉辦「亞瑟王子歡迎會」，並且安排盛大的「諸侯遊行」供王子觀賞。接下這場遊行重任的是神田的有馬組，他們必須安排一百七十三人列隊遊行，偏偏光東京市內找不齊「了解何謂遊行的挑夫」，還得從小田原、靜岡，甚至是名古屋調來人手。打扮成持槍的槍械組與步兵的一行人當天從日比谷公園出發，經過銀座通，最後抵達上野公園。三越吳服店負責製作遊行用的服飾，並且印製亞瑟王子的明信片來紀念他這次的訪日之旅。

在東京市舉辦歡迎會的五天前，也就是一九〇六年二月二十一日，亞瑟王子光臨了三越吳服店，陪同他的是英國提督與日本的東鄉平八郎大將。隔天《讀賣新聞》報導〈王子殿下光臨（昨日的三越吳服店）〉，提到三越吳服店在門口放置穿著和服的西洋婦女木雕，樓上樓下都以英日兩國的國旗與紅白雙色的皺綢裝飾，樓上的休息室後方還新建了茶室。亞瑟王子在此欣賞「現代與傳統服飾」、日本畫，以及新訂購的長襦袢與「具備日本傳統風情的物品」，最後讚賞「日本織品的特色」後踏上歸途。

一九〇八年九月，美國海軍第一與第二艦隊中途停靠日本的港口，軍官的妻女則早一步投宿橫濱格蘭飯店（Grand Hotel），三越吳服店在九月二十六日招待了其中十八位女眷。根據〈招待美艦軍官夫人〉（《東京朝日新聞》，同年九月二十五日）報導，所有過程皆採「純日式」，例如邀請函使用「菊花圖案的和紙」等。一行人搭乘馬車，於在新橋站迎接的女性店員帶領之下前往三越，陶藝家板谷波山則頭戴烏帽子，下半身穿著小袴，以一身傳統裝扮等待貴賓光臨。他在貴賓面前彩繪樂燒花瓶與茶碗，並加上簽名送給她們，接著又使用茶碗表演如何泡薄茶，畫家久保田米齋則應貴賓要求當場作畫。當天午餐提供的也是日本料理，用餐後，眾人還穿著元祿時代與桃山時代[10]風格的和服拍攝紀念照。

隔年則有美國企業家一行人受邀前往三越吳服店。〈參觀三越〉（《東京朝日新聞》，一九〇八年十月十六日）一文介紹了當時的情況：專務日比翁助率領店員迎接貴賓，領著他們參觀三樓的尾形光琳展。貴賓當中也有女性，她們在友禪與腰帶布料的陳列區停下腳步，沉醉在配色與圖案設計中，流連忘返。而樂燒區除了展示商品，現場也會表演陶器彩繪，當時負責彩繪的是三越委託的設計師杉浦非水與久保田米齋，會依照顧客要求在陶器上作畫。

霍亨索倫親王、愛麗絲．羅斯福與亞瑟王子雖然有隨行人員陪同，但基本上屬於個人行程，美國企業家一行則是約莫七十人的團體。此外，來到三越吳服店的外國人也包括各國旅行團，例如一九〇八年八月十二日，紐約的美國公司曾舉辦環球旅行青年團，其中就有六名旅客造訪了三越。〈環球旅行團旅客參觀本店〉（《三越時刊》，同年九月號）中提及旅行團由歐洲出發，搭乘西伯利亞鐵路來到遠東，他們在三越購買和服與提包當土產，感嘆「沒想到來到東洋還能看見如此壯觀的商店」。

三越吳服店所陳列的，並不限於貴賓才能購買的日本文化精粹。美國海軍第一與第二艦隊暫停橫濱港時有許多士兵上岸，〈美艦期待的商品〉（《東京朝日新聞》，一九〇八年十月二十七日）一文就報導司令官教訓士兵上岸時不要亂花錢，但橫濱與東京街頭卻依舊擠滿了士兵來購買充滿「純粹日本風情」的土產。熱銷排行榜第一名是手帕，其他依序為明信片、照片、木屐、陶器、漆器、衣物與提包。零售商人在橫濱辯天通以一星期一百圓[11]租下店面，一天就可以賣出三百到六百圓的商品，三越也創下單日營業額超過一千兩百圓的紀錄。

10 即一五六八～一六〇三年。

11 本書中的貨幣單位除非另有說明，否則皆為日圓。

6 來自殖民地與半殖民地的客人

日俄戰爭於一九〇四年二月開戰，目的是爭奪朝鮮半島與滿洲的利權，日本在開戰後十三天，也就是二月二十三日，於漢城（今首爾）與韓國簽訂《日韓議定書》，前者派出特命全權公使林權助、後者則派出外交大臣臨時署理李址鎔簽約，日本因而得以保護韓國皇室安全與維護領土的名義，臨時徵收軍事必要用地。簽約兩個月後，李址鎔於四月二十六日光顧三越吳服店，〈朝鮮大使光臨〉（《時好》，一九〇四年五月號）一文報導，他以韓國報聘大使的身分來到日本，在隨行人員與公使館員陪同下，看遍樓上與樓下的陳列室，訂購了各式布料，但由於當天沒有時間好好品評商品，因此約好擇日再來。

日本陸軍第一軍在一九〇四年五月橫跨位於朝鮮半島與滿洲交界的鴨綠江，進入滿洲，韓國在日本的軍力徹底左右朝鮮半島的情況之下，於八月二十二日與其簽訂《第一次日韓協約》，確定今後必任用日本政府推薦的財政與外交顧問。開戰後一年，位於旅順的俄軍於一九〇五年一月投降，三月，日軍占領奉天和鐵嶺，韓國因而派來祝捷大使。同年四月十一日的《東京朝日新聞》刊登〈韓國祝捷大使彙報〉一文，報導大使義陽君一行人九日在宮內省書記官的帶領下參觀上野動物園與博物館，回程前往三越吳服店，在參考室欣賞蒔繪匣子，並購買刺繡的屏風等商品。

對馬海峽海戰結束兩個月之後，美國陸軍部長威廉·霍華德·塔虎脫與愛麗絲·羅斯福於一九〇五年七月來到日本，二十九日和首相桂太郎簽訂備忘錄《桂太郎─塔虎脫協定》，日本承認美國殖民菲律賓，美國承認日本有權指導韓國，並且達成共識，由日本、美國與英國三方結盟維護遠東和平。這項備忘錄牽動半個月後日本與英國在倫敦簽訂《第二次英日同盟條約》，日本承認英國在印度的權利，英國則承認日本將韓國納為保護國。九月五日，日本又與俄國簽訂《朴資茅斯條約》，俄國承認日本在朝鮮半島的優先權——在列強同意之下，日本併吞韓國只是早晚的問題。

《朴資茅斯條約》簽訂兩個月之後，日本與韓國於一九〇五年十一月十七日締結《第二次日韓協約》，韓國的外交權幾乎完全由日本掌控，日本政府亦在京城設置總監府作為代表，韓國實質上成為日本的保護國。韓國皇帝高宗不滿協約，於是派遣密使參加一九〇七年六月的第二屆世界和平會議，打算向全世界抗議協約無效，這也就是所謂的「海牙密使事件」。時任韓國統監的伊藤博文於是逼退高宗，改由其子李坧繼位，是為純宗，並立李垠為太子，同時藉此機會推動在一九〇七年七月二十四日簽訂《第三次日韓協約》與祕密備忘錄。韓國內政因而納入統監管轄，類似現代最高法院法官的大審院長與大審院檢察總長也由

《時好》1907年2月號刊登的照片：「穿著韓裝的日本貴婦與穿著和服的韓國貴婦」。由左至右分別是朴義秉夫人、末松男爵夫人、伊藤公爵夫人與李址鎔夫人。

日方任命，韓國軍隊被迫解散。

《東京朝日新聞》於一九〇七年十二月二十二日刊登〈韓國太子遊樂——親臨動物園〉一文，報導韓國太子在隨扈陪同下前往上野動物園，在鸚鵡籠子前等不及介紹便靠過去念著「鸚鵡」；看到大象也笑著說「象鼻和象腿」，還表示「想騎騎看」；更從飼料箱取出地瓜與麵包丟給猴子，看到猴子接到飼料便拍手大笑。回程則同樣前往三越吳服店，三越聽聞太子喜歡畫畫，於是安排久保田米齋現場作畫。太子一開始坐在久保田面前，喝著蘇打水欣賞他作畫，等畫到雞與梅樹時，太子不知何時已經移動到他身邊，等到久保田放下畫筆，猛然聽到太子在耳邊輕聲說道「我可以帶走這幅畫嗎？」，把他嚇了一跳。

報導中的韓國太子李垠似乎十分孩子氣，那是因為他當時才十歲。隔年九月二日，《東京朝日新聞》刊登了〈韓國太子與和服〉一文，報導太子遊覽上野公園後，表示想拍攝自己穿著新買的和服的模樣，一行於是前往三越吳服店。太子因為在旅途中感覺西服綁手綁腳，因此訂購了「穿起來涼爽」的和服，時時穿著——時時穿著和服，可說象徵著韓國太子與日本的關係。日本早已計劃併吞韓國，因此把太子帶來日本，送他進學習院、陸軍中央幼年學校與陸軍士官學校就讀，後來還任命他擔任日本陸軍中將。韓國太子被迫走在日本制度上，他的人生無疑體現了韓國成為殖民地的過程。

一九〇五年十一月，日本根據《第二次日韓協約》設立韓國統監府，由伊藤博文擔任首任統監，他在四年後的六月辭去統監一職，卻在十月二十六日於哈爾濱車站遭到朝鮮人安重根暗殺。〈故伊藤公爵與三越〉（《三越時刊》，一九〇九年十一月號）一文曾提到三越吳服店與伊藤博文的密切關係：三越的京城臨時販賣處（日後擴大為京城分店）於一九〇六年十月開幕，在規劃階段向伊藤諮詢時，得到的回覆是「京城臨時販賣處可為住在韓國的日本人帶來無上便利，余亦會給予三越吳服店各種方便」。在伊藤的鼓勵之下，三越於京城開設臨時販賣處，收到大量伊藤送禮的訂單，且顧客不僅是住在韓國的日本人，連韓國的高官都經常上門。

前述韓國太子之所以在三越吳服店訂製和服，也是經由伊藤博文介紹。他曾致電日比翁助，表示太子結束巡迴西南各地的旅行，感到十分炎熱，希望訂製和服的便服。衣物部門的負責人在晚上十點接到日比翁助的電話，急忙趕往三越的倉庫挑選布料，接著搭乘早上六點的火車前往伊藤位於大磯的別墅「滄浪閣」。伊藤夫人在滄浪閣為太子量身，伊藤與武官則為其挑選合適的布料，訂製了一整套浴衣、外套、襪子與草履。負責人回到店裡立刻著手縫

1912年6月新建遷移的三越大連臨時販賣處。（《三越》，1912年7月號）。

製新衣，隔天早上同樣搭乘六點的火車，把成品送到滄浪閣。

京城臨時販賣處的業績蒸蒸日上，三越吳服店開始考慮正式「於滿洲進行商業活動」時，也曾和伊藤博文商量，伊藤於是建議日比翁助前往大連發展。一九〇七年九月，大連臨時販賣處開幕後，同樣接到伊藤送給大清帝國與俄國高官禮物的訂單。一九〇九年十月伊藤博文過世時，大連臨時販賣處接受南滿洲鐵路公司委託，備妥包裹遺體的素白紡綢裝束與包覆棺材的所有材料，伊藤的遺體由哈爾濱運往大連，最後在大和旅館穿上白衣、入殮，送回日本。

一九一〇年一月十二日，《東京朝日新聞》刊登〈韓國謝罪使離京——預計遊說十三道〉一文，記述由於伊藤博文遭到朝鮮人暗殺而死，謝罪使鄭寅昌與宋鶴昇兩人於是「代表韓國十三道民眾」來到東京，七日前往伊藤墳前祭拜。「十三道」是韓國的地方行政區劃，李氏朝鮮將韓國全國分為十三個地區。兩人面對「日韓合併論」的提問，表示：「我國缺乏獨立之力，多言無益，一切端看貴國想法而定。」回國前，其亦前往三越吳服店購買時鐘與圍巾作為伴手禮。同年八月二十二日，日韓簽訂《日韓合併協約》，日本正式併吞韓國。

同樣是來自國外的貴賓，西方列強與韓國、台灣、大清帝國相較，兩造的階級性一目了然。根據〈京城來的貴客訪京〉（《東京朝日新聞》，一九一〇年五月四日）報導，「京城的高官仕紳」組成的觀光團前來參觀名古屋共進會（品鑑會），搭乘人力車遊街時看到市區景物與共進會的燈飾，「驚豔到啞口無言，電車搭乘舒適，與朝鮮相較判若雲泥」；看見「犬貓診療院」的廣告，也不禁感嘆「在韓國連看人的醫生都不足」、「文明國家的貓狗畜生日子過得比我們更好」；到東京參觀三越吳服店更是「深深著迷」。

《三越》1911年10月號刊登的〈蕃人觀光團與三越吳服店高層〉。

一九一一年九月二日，還有台灣原住民前來三越吳服店。〈稀奇的中華訪客——台灣生蕃觀光團來訪〉（《三越》，同年十月號）報導，四十多名原住民所組成的觀光團在警方帶領下來到三越吳服店，他們上半身雖然穿著衣物，卻有不少人下半身完全裸露。一般客人來到三越需要脫鞋、穿著襪子進入門市，「蕃人」卻是光著腳走進來，因此三越吳服店還準備了裝水的桶子、毛巾與踏腳墊，只不過這篇報導同時也指出日本偏鄉目前仍舊可見裸露下半身、打赤腳的百姓。「蕃人」多半是第一次看到店裡陳列的商品，以為化妝品的瓶子裡裝的是藥，還對著鏡子裡的自己敬禮，把照片當作是「妖怪作祟」。數千名民眾聽聞「蕃人」來到三越，紛紛前來一探究竟，現場擠得水洩不通。

《國民新聞》、《時事新報》、《中外商業新報》、《東京朝日新聞》、《東京日日新聞》、《都新聞》、《大和新聞》與《萬朝報》等媒體，都報導了台灣原住民參觀三越吳服店一事。當訪客是來自韓國、台灣與大清帝國時，新聞中便蘊含日本與他國的比較，文明與未開化、進步與落伍的二元對立一目了然；當訪客是來自西方帝國時，新聞則強調日本在急速近代化的同時，仍保有獨特的文化傳統；當訪客來自淪為殖民地或半殖民地的東亞國家時，新聞則以這些國家為鏡，確認日本已經實現近代化，化身東亞帝國——從一介吳服店脫胎換骨為百貨公司的三越吳服店，於是成為日本宣傳與確認自我身分的舞台。

第二章

赴西方考察
與組織流行會的功能

7 費城、芝加哥與倫敦的百貨公司

從傳統的吳服店邁向近代的百貨公司——在組織改革的過程中，被三越吳服店視為模範的，是位於歐美等帝國的大都市的百貨公司。明治時代[1]前往西方留學或工作的日本人在都市空間中漫步，感受並驚嘆歐美不同於日本、處處展現出近代化的成果，其中與日本相差甚大的便是百貨公司的存在——在這裡，摸得到也買得到各種奢侈品與日用品。《時好》一九〇七年三月號刊登的文章〈博覽會與三越吳服店〉便向讀者描述了兩者的差異：

在西方的大型零售商店（百貨公司），買得到所有日用品，大至汽車、鋼琴，小至髮夾與鈕釦。貨架上有戲劇的門票，也有火車車票；買得到餐點，也能拍照；想理髮與兌幣亦不成問題，所有服務一應俱全，即便想買土產，也能在幾十分鐘之內買齊所有想要的商品。在用餐時間走進店裡，對方便會準備好餐點，接著購買所需的物品，等回到飯店時，所有商品就已經都送來了。只要踏上一次國外的土地，就會知道何謂百貨公司。

這篇文章刊登時，三越吳服店已經稍微增加了銷售品項，除了和服布料，還販賣西服、日用品與化妝品等，只不過在體驗過西方百貨公司的人眼裡，離「一應俱全」還有一段很長的路。文章標題的「博覽會」，指的是一九〇七年三月二十日到七月三十日在上野公園舉辦的東京府勸業博覽會，三越雖然也是攤商之一，攤位卻不太寬敞，參展的同時，三越也從四月開始舉辦新設計展示會。想要成為百貨公司，首先商品的品項與數量就必須達到「百貨」那樣豐富，但是三越很清楚自己還沒有網羅百貨的能力，在和服布料以外，收集得到的商品是「提包類、旅行用品類、洋傘類、帽子類、玩具類、鞋子類、室內裝飾品類」，且博覽會期間，他們還在每個星期六規劃活動，例如在頂樓設置遊戲場等，努力讓這個消費場所成為文化宣傳的場域。

此時三越宣傳文化的力量還很薄弱。明治時代極具代表性的出版社博文館創辦人大橋新太郎在《三越時刊》一九〇九年一月號發表了〈百貨公司的未來（歐美考察談）〉一文，身為企業家的他，曾在前一年前往歐美考察，因此文章先提到「我在俄羅斯首府莫斯科看了不少勸工場[2]」，又提及實際目睹美國大都市地上高達三十到四十層樓、地下深至三到四層樓

譯註

1 即一八六八～一九一二年。

2 現代大型商場的前身。

沃納梅克的「費城總店」（有川治助，《約翰·沃納梅克——其人其事業》，1929年10月，改造社）。

的建築，為其立體規模而驚嘆不已。往高樓層是搭電梯移動，地底下還鋪有鐵路，進貨時會使用地下鐵路，顧客則搭乘電梯與手扶梯在賣場與餐廳之間自由穿梭，美國的百貨公司規模之宏大，令人瞠目結舌，其中沃納梅克百貨公司（Wanamaker's）尤其令他驚豔。

然而這並不代表俄羅斯的百貨公司便與三越規模相仿、不足為奇。一九〇七年十二月二十三日，《東京朝日新聞》刊登了筆名無冠人所寫的報導〈參觀浦潮（上）〉，「浦潮」指的就是海參崴。俄國透過在一八六〇年十一月簽訂的《中俄北京條約》取得濱海邊疆州，建設了新都市海參崴，當時德國人也曾參與建設，而無冠人便參觀了位在這個遠東地區的昆斯與阿爾巴斯百貨公司（Kuns and Albers）。他在文中提到「大家讚嘆三越巨大，卻也不及德國商人經營的東洋第一百貨公司的一半」，昆斯與阿爾巴斯百貨公司擁有四艘蒸汽船，能把貨物從德國運來海參崴，此外還建立發電廠自行供電，並能供應電力到市區。

至於提到代表美國的百貨公司，不少人會想到沃納梅克。擔任美國塔虎脫總統國務卿的菲蘭德．諾克斯（Philander Knox）曾偕同夫人與外交部祕書於一九一二年九月十日造訪三越吳服店。〈美國特使國務卿諾克斯與夫人〉（《三越》，一九一二年十月號）一文提到諾克斯對三越的印象是「清潔美觀」，並且表示「個人認為美國第一的百貨公司是位於費城的沃納梅克」，當時負責導覽的中村利器太郎也已在當年春天參觀過費城的沃納梅克百貨，因此回答對方：「宏偉的建築與設備實在令人嘆為觀止。」

有川治助在一九二九年十月出版了《約翰．沃納梅克——其人其事業》（改造社）一書，右圖「費城總店」便是引自該書，且書中的〈引言〉也不經意地留下三越研究沃納梅克的痕跡。此外，有川提筆寫下第二篇〈身為商業人士的約翰．沃納梅克〉時參考的文獻《沃納梅克百貨金書》[3]，則是沃納梅克百貨公司創業五十週年時出版的，一套兩本，厚達五百多頁，只是這套文獻的主人並非有川，而是三越吳服店高層濱田四郎的收藏。

三越視為目標的帝國百貨公司不僅是沃納梅克，雖然中村利器太郎在〈中村取締役的歐美百貨公司觀〉（《三越》，一九一二年九月號）中曾提到，世界三大百貨是芝加哥的馬歇．菲爾德（Marshall Field）、倫敦的哈洛德與法國的羅浮宮百貨公司（Grands Magasins du Louvre），但是大型百貨公司可不是只有這三間。他同時也參觀了倫敦的懷

3 *Golden Book of Wanamaker Stores*, 2vols, Wanamaker Store, Philadelphia, 1911-1913.

上：沃納梅克百貨公司的廣告所描繪的店內光景（有川治助，《約翰・沃納梅克——其人其事業》，1929年10月，改造社）。
下：三越吳服店內的景象（《日本的三越——紀念大阪分店開幕》，1907年5月，三越吳服店）。

特里（Whiteley）、賽爾弗里奇（Selfridges），法國的篷瑪歇、拉法葉（Lafayette）、春天（Printemps），柏林的韋特海姆（Wertheim）與蒂茨（Tietz）。美國值得參觀的百貨公司更是不勝枚舉，紐約除了沃納梅克之外，還有八家百貨公司，分別是梅西（Macy's）、格林豪特・席格庫柏（Greenhut Siegel Cooper）、薩克斯（Saks）、金伯爾兄弟（Gimbel Brothers）、第十四街（14th street）、歐尼爾亞當（O'Neill-Adams）、斯登兄弟（Stern Brothers）與麥奎瑞（McCreery），此外芝加哥與波士頓也有多家百貨。以三越相比這些百貨公司，中村感嘆道：「兩者的差異之大，不可同日而語，深感遺憾。」

記者澀川玄耳也曾以筆名藪野椋十發表對於芝加哥馬歇．菲爾德百貨公司的感想。〈遊覽世界卅六——類比！〉（《東京朝日新聞》，一九〇九年六月三日）一文中提到，馬歇．菲爾德百貨公司地上共十二層樓，地下兩層樓，結構為鋼構，外牆則以花崗岩包覆，有七十六台電梯每天運送二十萬名顧客上上下下，且店裡最大的餐廳可以容納兩千五百人，所銷售的商品從棺材到墓碑都有，琳瑯滿目，價格又比專賣店實惠，因而獲得「世界第一」的美稱。其規模與東京三越吳服店相差懸殊，文章副標題「類比」意指以「大海」來譬喻馬歇．菲爾德的話，三越不過是「池塘」。儘管三越宣稱自己追隨著歐美百貨公司的背影，實際上卻是遠遠落在後頭，根本看不見對方。

對於習慣在西方帝國的百貨公司購物的消費者而言，和服等日本的商品所象徵的異國文化的確吸引人，至於建築物內外，恐怕沒有一絲一毫近代氣氛吧。美國奧勒岡州政府在一九一〇年派遣波特蘭商會的議員前來考察日本的產業、貿易與美術，〈三越的五分鐘〉（《東京朝日新聞》，一九一〇年十月三十日）一文記載記者訪問時，波特蘭議員曾感嘆：「三越的規模自然是略遜美國百貨公司一籌，但是顧客態度肅然，穿著整齊，極盡高雅。」所謂「略遜一籌」，代表差了一點，但馬歇．菲爾德與三越之間其實是天壤之別，倘若對方如此回應，想必是相當委婉。

《日本的三越——紀念大阪分店開幕》（1907年5月，三越吳服店）收錄的照片，記錄倫敦哈洛德百貨公司的外觀。

然而三越在考察西方帝國的百貨公司之後，卻發現自己應當效法的並非沃納梅克與馬歇．菲爾德，也不是羅浮宮百貨公司與韋特海姆。濱田生在〈英國的模範大型零售商店（值得三越吳服店仿效的百貨公司）〉（《日本的三越——紀念大阪分店開幕》，一九〇七年五月，三越吳服店）中，提到日比翁助前一年考察倫敦的哈洛德百貨公司後，強烈認為其從實際情況、設備到經營手法都是三越的範本。濱田四郎本人也覺得「倘若排除美式的喧囂，改以英式的穩健為主，適合套用在日本情況的唯有哈洛德」。從此之後，三越的目標就變更為「成為東方的哈洛德」。

一九〇九年十月一日，《讀賣新聞》的報導〈公司商店訪問記（八十）三越吳服店＝上〉提到三越、白木屋與大丸合稱三大吳服店，記者則認為白木屋與大丸只是「日本級」的商店，三越才是「世界級」。然而要把全世界都納入目標客群，就必須變更「吳服店」這樣的名稱，這篇報導最後以相信三越總有一天會成為「倫敦哈洛德公司」那樣的百貨公司作結。

8 搭乘西伯利亞鐵路前去採購歐洲的商品

三越吳服店創設前夕的一九〇四年四月到十二月，美國密蘇里州舉辦了聖路易斯世界博覽會，當時前往美國鑽研「裝潢技法」的三井吳服店店員便將博覽會的心得彙整在〈滯美雜記〉（《時好》，一九〇四年九月號與十月號）中。

由於正逢日俄戰爭，美國人對日本的興趣高漲，吸引了許多顧客上門，因此博覽會上的銷售成績很不錯，只是日本報章雜誌雖然報導日本的商品已經銷售一空，但其實昂貴的商品賣不到兩成。店員分析日本商品相較於其他國家「品項明顯不足，售價昂貴」，不僅織品類品項稀少，還只有「質地粗糙的手帕、中型皺布與單衣布料」，七寶燒、陶器、玩具、彩色版畫與雜貨的售價更是日本國內五至十倍的「坑人」定價，讓人覺得根本只是想藉機「撈一筆」。

日本政府在聖路易斯世界博覽會推出仿造的平等院（《帝國畫報臨時增刊　東京博覽會大畫報》，1907年5月，富山房）。

異國有時是映照本國文化的鏡子，嘗試改變自我時，他人也會成為促使改變的催化劑，而聖路易斯世界博覽會便是三越的催化劑。一九〇五年十二月十六日，《讀賣新聞》刊登了關於「三越吳服店」的報導，內容僅僅三行：「前聖路易斯世界博覽會事務官執行弘道任職三越吳服店，為該店全力以赴。」與三井吳服店店員在聖路易斯相識的執行弘道，於三越從吳服店蛻變為百貨公司期間，便擔任了領航的顧問角色，專務取締役日比翁助於一九〇六年四月到十一月前往歐美考察時，陪同導覽的也是執行弘道。

一九〇六年三月三十一日，《東京朝日新聞》報導了「日比與執行兩位先生的餞別會」。當時兩人搭乘四月四日從橫濱出發的備後丸到歐美考察，將由馬賽前往巴黎，接著預計造訪的歐洲國家包括法國、德國、俄國、英國、荷蘭與西班牙，然後橫渡大西洋，前往美國。兩人此行的目的是介紹日本的美麗服飾與考察歐美流行，旅程中，日比參觀了歐美各大都市的百貨公司，最後終於選定以倫敦的哈洛德為範本。三月二十八日，祝福兩人啟程的「餞別會」在新橋的花月樓舉辦，有數十名文人出席，並由兒童文學家巖谷小波發表「餞別演說」。

兩人在一九〇六年十一月五日回到橫濱港，這趟考察旅行長達七個月。日本郵船的歐洲航線始於一八九六年三月，兩年之後的五月啟用六千噸級的新船，備後丸便是其中一艘。巖谷小波在《小波西行土產　上》（一九〇三年四月，博文館）中提到，一九〇二年十月搭乘日本郵船的神奈川丸回國時，從法國對岸的阿爾及利亞外海出發，穿過地中海回到神戶約需四十天，日比等人花費的天數應該也是一樣。西伯利亞鐵路全線雖然在日俄戰爭期間開通，但一九〇五年九月簽訂《朴資茅斯條約》之後，由於戰後混亂與運送軍人回國等問題，無法提供一般旅客搭乘，前述餞別會於三月舉辦之際，西伯利亞鐵路方才開放運送貨物。然而旅客得以搭乘西伯利亞鐵路之後，前往歐洲的旅行就出現了一百八十度的轉變。

一九〇七年，三越吳服店派遣林幸平、濱田四郎與豐泉益三這三名店員前往歐洲，分別負責裝潢巴黎日本大使館、調查百貨公司組織以及採購雜貨。〈西伯利亞鐵路與三名三越店員西行〉（《時好》，一九〇七年八月號）一文提到，美國百貨公司的採購人員每年都會去歐洲採購，日本吳服店卻不這麼做，理由有二：首先是旅費高昂，其次是歐洲航線往返約需一百天，非常耗時。前者可藉由採購多種商品把必要支出分攤在售價裡，畢竟在日本雖然也能訂貨，卻難以取得最新流行的商品與便宜貨，至於後者的問題則由於西伯利亞鐵路迎刃而解——將從敦賀搭船前往海參崴，再從莫斯科搭乘火車到巴黎的路線，轉為搭乘西伯利亞鐵路連接各國，那麼從敦賀到倫敦的時間可以縮短至二十天左右。豐泉於是藉此周遊巴黎、倫敦、柏林與維也納，採購各地最新流行商品，在三個月之後回到日本。

他所採購的商品就擺設在三越吳服店的店頭。菘菴在〈來自歐洲的新雜貨——大阪三越的新陳列〉（《時好》，一九〇八年一月號）中提到，豐泉從歐洲最新的流行當中挑選了符

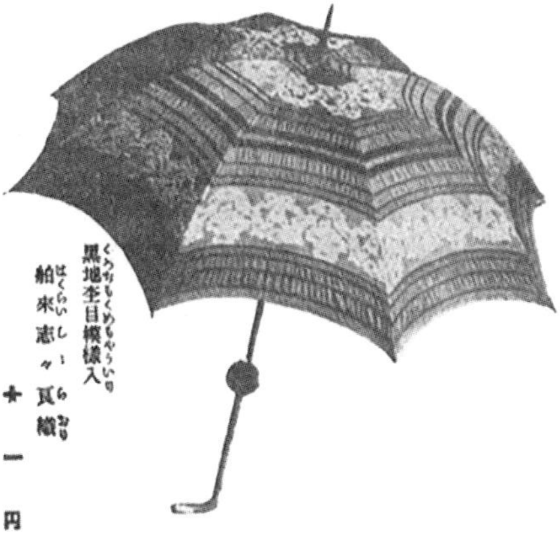

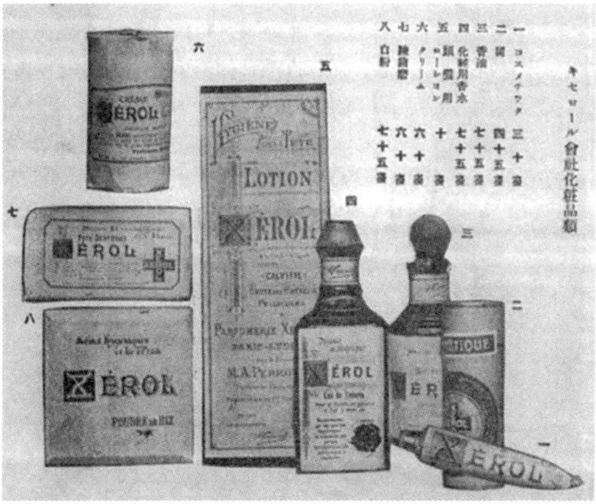

上：《時好》1908年3月號介紹的舶來品女用傘。
下：《時好》1908年4月號介紹的季羅爾（Xerol）公司的化妝品。

合日本人喜好的商品，許多都「令人耳目一新」，有來自法國的皮諾公司化妝品套組與流行的緞帶、來自英國的領帶與吊帶，德國製的小型用品——銅與鎳製的墨水瓶、筆筒、香菸盒與刮鬍刀也都是前所未見的，而且德國的玩具開發很先進，像是前進到一半後退的汽車與滑稽的人偶等，不僅是兒童，就連大人都會覺得有意思。除此之外，還有帽子、洋傘、拐杖、時鐘、銀飾、皮革製品與袖釦等商品，琳瑯滿目，應有盡有。

對於要在歐洲待上一年或好幾年的日本人來說，單程四十天的旅程不算問題，搭乘歐洲航線會經過上海、香港、新加坡、可倫坡、亞丁（Aden）、蘇伊士與賽德港（Port Said）等地，反倒可以趁機接觸亞洲與非洲的異國文化。但如果是半年左右的旅行，那就等於有一半時間都在移動。紫生在〈旅行途中所見之流行〉（《時好》，一九〇七年一月號）中提到日比翁助回想當年的行程：「旅行七個月，光是在船上便住了三個月。」因此對於停留時間短的旅客而言，能夠縮短行程的西伯利亞鐵路可說是劃時代的交通工具。〈善用提包〉（《時好》，一九〇八年三月號）中提到，過去的旅人是用尖葉紫柳編成的箱子來裝行李，但新時代的旅人則應該使用「提包」。三越針對歐洲航線所販賣的「提包」，便是可以收納在床底下的行李箱，此外還進一步為搭乘西伯利亞鐵路的旅客製作可以收納在坐位下方的行李箱，命名為「西比利亞[4]號」。

豐泉益三後來也搭乘西伯利亞鐵路前往歐洲採購最新雜貨。〈三名店員西行〉（《三越》，一九一一年六月號）一文提及三越在一九一一年同樣派遣了三名店員前往歐洲，其中一位是西服部的裁縫主任，預計趁著英皇加冕儀式接觸倫敦等地的「歐洲社交界」的流行，

4 當時西伯利亞的日文漢字標示。

帶回當地的流行資訊，另一名店員則將留學英國數年，學習室內裝潢。至於第三名店員正是豐泉益三，文中提到他的行程「一如往常」，「他這幾年往來歐美多次，西方已經成為他的第二故鄉，西洋深處之深，內面之內，皆映入其眼簾，帶回所有流行之細節」，從這樣的敘述，可知三越深深信賴豐泉的採購能力。

三越的採購人員回國也是報章雜誌取得西洋最新流行資訊的機會之一。《讀賣新聞》的記者採訪豐泉益三後所寫的報導〈歐洲流行界新消息——婦女的衣物和男性的鞋帽〉（《讀賣新聞》，一九一一年八月十六日）便是一例。透過豐泉的所見所聞，讀者得以獲知大海另一邊的流行資訊——歐洲之前流行沒有褶子的窄裙，如今則由於行走不便又不易搭乘火車而逐漸變寬，而相對於變寬的裙子，又流行起細長的有帶帽子來搭配；今年冬天天鵝絨應該會大受歡迎；夏天格外炎熱，經常可見戴草帽的男性；兒童玩具的材料從危險的馬口鐵變更為賽璐珞，飛機造型的玩具則蔚為風潮。

〈三越吳服店逐漸縮短與世界的距離〉（《三越》，一九一二年九月號）一文刊登了一九〇七到一九一二年，豐泉益三搭乘西伯利亞鐵路從東京前往倫敦的行程表。一九〇八年的行程乍看之下耗費了三十天，但仔細分析便能發現他在大連與莫斯科考察了將近十天，所以實際的行程是二十多天。而一九〇九年約二十天、一九一〇年約十八天，倘若以敦賀為起點，則分別是十九天與十七天。一九〇七年西伯利亞鐵路提供載客服務之後，新上任的法國

地名＼年號	着、滯在、發	明治四十年	同四十一年	同四十二年	同四十三年	同四十四年	同四十五年（後ち大正元年）
東京	發	八月九日	六月八日	六月四日	六月三日	五月三十一日	六月二日
敦賀	出帆	同十一日	—	六月五日	同四日	—	—
門司	出帆	—	同十一日	—	—	六月二日	同七日
浦潮斯德	着	同十三日	—	同八日	同六日	—	—
	滯在日數	（五日間）	—	—	—	—	—
	發	同十九日	—	同日	同七日	—	—
大連	着	—	同十三日	—	—	同四日	同九日
	發	—	同十九日	—	—	同七日	同十二日
ハルピン	着	—	—	—	—	同八日	—
	發	—	同廿二日	—	—	同十二日	同十三日
モスコー	着	同三十一日	七月二日	同十八日	同十七日	同二十日	同二十一日
	發	九月二日	七月四日	同十九日	同十八日	同二十二日	同日
倫敦（及び本國各地）	着	同四日	七月七日	同廿四日（巴里を經て）	同二十一日	六月三十日（ベルリンを經て[illegible]）	同廿四日
	滯在日數	（十日間）	（十六日間）	（十七日間）	（十七日間）	（十六日間）	（十九日間）
	發	同十四日	同廿三日	七月九日	七月八日	七月十六日	七月十四日
巴里（及び佛國各地）	着	同日	同日	同日	同日	同日	同日
	滯在日數	（八日間）	（八日間）	（十一日間）	（八日間）	（五日間）	（四日間）
	發	同二十二日	八月二日	同十九日	同十六日	同二十一日	同十八日

1907～1912年豐泉益三從東京至倫敦的行程表（〈三越吳服店逐漸縮短與世界的距離〉，《三越》，1912年9月號）。

駐日大使曾向日本駐法大使詢問西伯利亞鐵路是否安全，倘若無須擔心安全問題，西伯利亞鐵路便是連結歐洲與日本的「最短捷徑」。豐泉的行程在六年之間由九十天縮短至七十二天，進貨量則與之成反比，每年成長了兩到三倍。

前往西洋考察，學習技術與進口貨品都是三越吳服店蛻變為百貨公司所需要的步驟。〈三越吳服店與大正元年〉（《三越》，一九一三年一月號）中提到，「本店持續傾力於外在急速擴大發展，內在同步吸收新知識，不斷追隨進步社會的需求」。中村利器太郎花費九個月考察歐美的百貨公司，並在擔任業務課長時反映考察期間的所見所聞；上野義太郎曾陪同中村考察，從事雜貨部工作時也活用了當時的經驗；裁縫師坪田千太郎留學英國、取得證照，後來在西服部發揮習得的技術；泉谷氏一則與德籍妻子前往柏林學習新的攝影技術，肩負攝影部的工作。所謂「縮短與世界的距離」，指的不僅是空間的距離，更是藉由造訪西方漸漸縮短雙方文化的距離。

9　三越創辦文化人的流行會

一九〇五年六月二十四日，三越吳服店創辦「流行研究會」（流行會）。《時好》一九〇七年五月號刊登了題為「流行會諸位成員攝於三越吳服店空中花園」的團體照，照片中共有十八人，由右至左分別是井上劍花坊（川柳作家）、久保田米齋（日本畫畫家）、太田宙花（評論家）、藤村喜七（三越常務取締役）、黑田撫泉（報社記者）、石橋思案（小說家）、籾山東洲（三越設計係長）、飯野三一（三越吳服部主任）、永井鳳仙（日本畫畫家）、井上與十庵（報社記者）、伊坂梅雪（劇評家）、水口薇陽（演員）、佐瀨醉梅（報社記者）、小原白洋（報社記者）、神谷鶴伴（小說家）、戶川殘花（詩人）、濱田紫（四郎，三越廣告部長）與巖谷小波（兒童文學家）。森鷗外也在三年之後成為流行會的一分子，除此之外，包括小說家饗庭篁村與幸田露伴、評論家內田魯庵、劇作家岡本綺堂與松居松葉、西畫家黑田清輝、教育家高島平三郎、人類學家坪井正五郎與農學家新渡戶稻造等人在內，流行會的相關人士一共超過七十人。

除了三越吳服店的店員，流行會的成員皆為文化界人士與報社記者，他們每個月會召開一次會議，針對特定主題交換意見，並且審查投稿的設計、舉辦演講，藉此創造流行，進行啟蒙，這些活動可說和三越的公司宣傳雜誌《時好》的編輯方針一致。《時好》的臨時增刊號《東京與博覽會》（一九〇七年三月）在附錄《三越吳服店參觀導覽》曾刊登〈流行商品的介紹人〉一文，如是說明《時好》：「毫無遺漏地記錄當代流行，比起倫敦的衣服、巴黎的化妝品，本雜誌的特色是網羅我國唯一流行權威『流行會』的報導，或是文人的新見解、店員的實驗、小說和短篇笑話等所有與流行相關的事物，無一缺漏。」——流行會的任務是提供國內外流行資訊，並且自行創造流行。

「流行會諸位成員攝於三越吳服店空中花園」（《時好》，1907年5月號）。

流行會創辦不到一年，便具體實踐了何謂「創造流行」。一九〇五年十一月十日，流行會在三越吳服店召開第四屆定期會議，根據〈流行研究會〉（《時好》，同年十一月號）一文記錄，共有石橋思案、黑田撫泉等十人參與會議，討論領帶與皺綢的和服襯領。三越吳服店根據流行會討論的結果於同年推出領帶，賣點是圖案由流行會所設計，下頁圖便是《時好》一九〇六年二月號所刊登的「螺旋紗紡綢領帶（流行研究會設計）」。

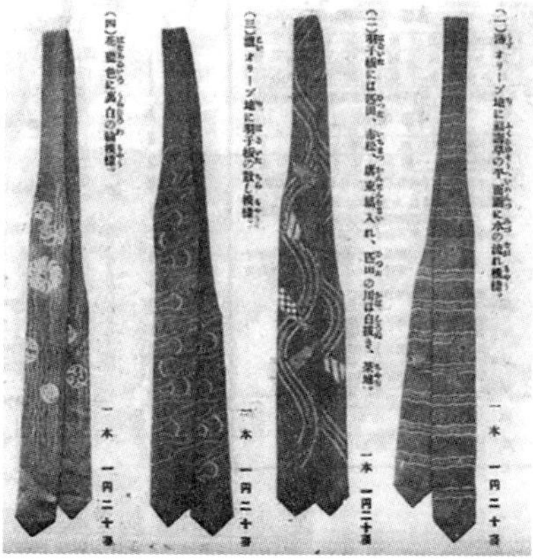

「螺旋紗紡綢領帶（流行研究會設計）」（《時好》，1906年2月號）。

該期《時好》所刊登的〈流行研究會所設計之領帶評價〉表示，各大報紛紛報導流行會所設計的領帶，大受歡迎，例如一九〇五年十二月三十日的《讀賣新聞》的報導〈領帶新設計〉提到「三越吳服店的流行研究會根據主題『新年之河』設計四款領帶，每一款的材質都是螺旋紗紡綢，並設計小波紋」，這系列領帶在製作上共有三大特點：①一般領帶都是裁切條紋圖案的布料再加以縫製，流行會所設計的領帶則是每一條都單獨染色、形成圖案；②領帶的圖案有時綁起來無法依照期待呈現，流行會所設計的領帶則是圖案剛好在打結處；③正反面圖案相同，所以兩面皆可使用。

到了一九〇八年，流行會打破企業的框架，試圖創造整個日本社會的流行。〈生氣蓬勃的流行會〉（《三越時刊》，同年十月號）中提到，九月時流行會提議組織重整，巖谷小波、笠原健一（三越業務課長）、久保田米齋、黑田撫泉與遲塚麗水（小說家）五人獲選為委員，由這五名委員來制定組織重整案。一個月之後，五人在流行會上的報告彙整為〈流行會的發展〉（《三越時刊》，同年十一月號），結論是將「從三越出發的流行會擴大為全日本的流行會」，因此會議討論不再侷限於三越吳服店的內部議題，而是朝向與社會相關的方向展開。

一九一〇年，流行會會議內容改由會員發表專題研究。根據〈五月的流行會〉（《三越時刊》，同年六月號）一文，高島平三郎與幾度永（三越雜貨部係長）加入會員，幹事提議今後每次「由兩名會員個別發表與專長相關的研究結果」，經投票，下一次流行會由石橋思案與高島兩人演講，演講內容與流行商品的照片則公開於《三越時刊》。前述公司誌的說明提到流行相關的資訊不僅限於流行會，而是向外界公開分享，又因為會員希望，故從下一次流行會開始，將由三越店員出示實際商品，說明當月的流行。

石橋思案原本預定在六月十五日的流行會演講，但當天恰巧是他任職的博文館創立紀念日，他於是缺席，演講也隨之延期。不過高島平三郎仍以「流行的心理」為主題，進行了兩個小時的演講，此事則刊載於《三越時刊》一九一〇年七月號。這次演講從流行的定義開始，高島說明「流行」一詞源自英文的Fashion與法文的Mode，原本指「型、形式」，並且具備上流社會的「Refined」（洗鍊的）之意。文化與流行之間的關係，則是沒有流行便無法發展文化；不發展文化，流行就無法盛行。高島之所以成為三越流行會的一員，正因為他認為流行是推動文化的基礎。

原本限定於三越吳服店的流行會，最後變成了公開演講。一九一〇年十月八日，《讀賣新聞》的報導〈流行會公開演講〉，提到十月十日流行會第一次在日本橋俱樂部舉辦公開演講，由報社記者、學者與專家來分享研究成果。嚴谷小波進行開會致詞，再由塚原澀柿園（歷史小說家）、高島平三郎與坪井正五郎三人發表演講，題目分別是「幕末江戶風俗」、「興趣之心理」與「諸人種之服飾」，入場免費，門票由三越分發給有興趣者。

隔年十月十日流行會再度舉辦了公開演講，並將內容彙整為〈第二次流行會公開演講記〉（《三越》，一九一一年十一月號）。這次的地點與第一次相同，一樣是在日本橋俱樂部，聽眾約三百多人，由嚴谷小波擔任司儀，介紹流行會：「有些人或許認為流行僅止於研究髮型、和服的顏色與木屐的形狀等等，然本會的主旨是擴大到各方面的流行。」流行會的規約也定義其創立目的在於「研究古今東西的流行，提升當代品味」。當天共有三場演講，題目多元，分別是小說家幸田露伴談「圖案之事」，醫師兼歌人井上通泰談「浪人大原佐金吾故事」，以及心理學家菅原教造談「官能與文化」。

無論何時何地，都會出現流行這種現象，因此話題無窮無盡，但是在一九一〇年代前期，流行會大多數的會員共同關心的主題主要集中於江戶風情，成員因而自行發起江戶風情研究會，委員包括饗庭篁村、井上劍花坊、伊原青青園（劇評家）、久保田米齋、幸田露伴、齋藤隆三（風俗史家）、佐佐醒雪（國文學家）、塚原澀柿園，中內蝶二（劇作家）、邨田丹陵（日本畫畫家）共十人。〈江戶風情研究會〉（《三越》，一九一三年三月號）報

《三越》1913年7月號所刊登的流行會編輯的〈江戶風情研究資料第一回〉卷頭插畫。

導一九一三年一月三十一日舉辦的第二次委員會，決定研究主題為天明時代[5]的成人刊物「黃表紙」，研究資料為五十六冊黃表紙，並制定戲劇、音樂、風月區、餐飲、遊戲與服飾等數百個項目來研究。

這項研究成果彙整為流行會編輯的〈江戶風情研究資料〉，刊登於《三越》一九一三年七月號。佐佐醒雪在文中的序言提到制定研究辨法的正是他本人，他認為江戶時代從德川家康在江戶成立幕府到大政奉還長達兩百六十年，其中又以十八世紀的享保（一七一六～一七三六年）到寬政（一七八九～一八〇一年）年間最能體現江戶風俗。幸好黃表紙裡有彩色版畫的插畫，記錄了當時的風俗，因此才從中摘錄與風俗習慣、流行等相關的段落，分門別類並加上註釋。

駿河町人（松居松葉）在〈流行會記〉（《三越》，一九一二年三月號）中比較了三井吳服店與三越吳服店的差異，其描述令人印象深刻。松居曾經詢問「齋藤文學士」：「過往

5 即一七八一～一七八九年。

三井吳服店曾經創造過流行嗎？」——這位齋藤文學士隸屬「三井歷史編纂部」，文中提到他是「最精通」三井家歷史的專家，所以應該就是指齋藤隆三吧。針對松居的問題，齋藤立刻表示「沒有看過此類紀錄，以前的店家以不做這種事情為榮」、「泰然自若，什麼也不做」，保險起見，松居也向常務取締役藤村喜七詢問了明治維新前後的情況，對方同樣表示以前只賣布料，但後來第一家賣碎布的就是三井吳服店。三越吳服店與三井吳服店明顯的不同在於前者注重流行，並嘗試創造流行，這是從吳服店轉型為百貨公司不可或缺的策略。

10 從柏林回國的巖谷小波與從巴黎回國的久保田米齋

一九〇八年立志跨出三越吳服店的企業框架、打造全日本流行的流行會，在隔年一九〇九年九月進行幹事改選，〈秋季的流行會〉（《三越時刊》，同年十月號）一文指出，匿名投票的結果是由巖谷小波、笠原健一、久保田米齋、黑田撫泉和遲塚麗水五人繼續擔任幹事。笠原是三越的業務課長，屬於企業相關人士，其他四人則都是同時代的文化人，查詢流行會的紀錄可知，兒童文學家巖谷與日本畫畫家久保田不僅是團隊成員，更是關鍵人物。

巖谷小波是博文館出版的兒童雜誌《少年世界》、《少女世界》與《幼年世界》等刊物的主筆，並且編纂了博文館刊行的《世界童話》一百卷和《日本民間故事》二十四卷，深受兒童認識。〈小波先生擔任顧問〉（《三越時刊》，一九〇九年二月號）一文，介紹巖谷小波是「現代的少年少女諸君無人不知、無人不曉的故事界泰斗」，並非誇大其辭，文中並提及三越新創立兒童部，由巖谷接下顧問一職。該期的《三越時刊》同時刊登了〈流行會的新年會〉，介紹一月二十一日在花月樓舉辦的新年第一場流行會「在巖谷小波率領之下」，各委員皆踴躍出席。由此可知，巖谷是流行會的中心人物之一。

巖谷小波負起了率領流行會活動的重責大任，例如〈盛夏時節之流行會〉（《三越時刊》，一九〇九年八月號）一文，提到眾人於七月十八日在柳橋的龜清樓舉辦夏季大會。當天日比翁助進行開會致詞後，便由巖谷解說預定於秋季舉辦的時代風俗參考品展示會的展覽手冊，展品從平安時代橫跨江戶時代，包含服飾（典禮服裝、能樂舞台服裝）、繪畫（繪卷、屏風）、日用品與器具（陶器、蒔繪）、風俗相關的古代文件與印刷品。儘管和兒童沒有直接關係，但夏季大會兼具納涼的含意，故邀請了三越少年音樂隊演奏，還有橘家圓喬表演類似單口相聲的落語，持續到了深夜。

巖谷小波接下三越兒童部的顧問職務，後於一九〇九年八月起前往美國半年，期望藉由赴美考察促進兒童部發展，因而暫時無法出席流行會。〈和服下襬設計徵稿審查——八月的流行會聚餐上〉（《三越時刊》，同年九月號）提到，「晚餐後，由於巖谷赴美，不克出席，本次下襬設計投稿之稿件與成績由黑田向眾人報告之後，根據審查辦法，由會員協議」。流行會本來都是由巖谷負責報告與擔任司儀，在他赴美期間則改由另一位幹事黑田撫泉擔任，當天和服下襬設計的稿件掛滿會場，會員手持鉛筆與紙張，在作品之間來回穿梭打分數，最後決定何者通過比稿。

久保田米齋以流行會的幹事身分活躍於一九一〇到一九一三年，時間稍微晚於巖谷小波，他雖然是日本畫的畫家，但拿手的不僅是繪畫。久保田畢業自美國的高中，對各種日本文化抱持興趣，素養豐富，涉獵古今文獻，造詣深厚。他身為舞台美術家，除了繪製舞台布景、設計和服圖案，也創作俳諧與和歌。就這一點來說，研究古今東西各種流行，又能創造新時代流行的久保田米齋，可說是流行會不可或缺的人物。

一九一一年一月出版的《三越時刊》刊載了〈明治四十三年之流行會〉，當時流行會已經創立五年，文中提到「期間發表了新設計的領帶與背心，並且在襯領與日用品發揮創意，成為和服下襬設計徵稿的先驅，又聆聽專家名士演講，時光飛逝，然今年面目一新之事，值得特別加以記錄」。相較於創立初始，流行會的會員人數成長為兩倍，然而一九一〇年被視為流行會「初始」的一年，應該是因為「本會正式公諸於世」，所謂的「公諸於世」有兩大重點，一是記錄會員的演講內容，另一是舉辦公開演講。

同一期的《三越時刊》還刊登了一篇紀錄〈四十三年最後一場流行會（久保田幹事報告）〉，即三越吳服店在十二月八日召開了當年最後一場流行會，由巖谷小波展示附插圖的明信片與實際的道具，來向眾人說明德國學生的決鬥方式，另外塚原澀柿園則介紹了幕府末期的武士家庭在正月的風俗習慣。當天一共聚集了三十三名會員，大家一同祈願隔年前途光明後便散會。從這篇有趣的紀錄可以一窺流行會的情況，然而值得注意的不僅是內容，還有標題「久保田幹事報告」，一九一一年之後流行會的相關報導時時出現「久保田幹事報告」一詞，代表流行會「初始」以來，久保田儼然中心人物。

由負責統整流行會的巖谷小波與久保田米齋兩人可知，對於三越而言，二十世紀初的歐洲體驗意義深遠。《時好》一九〇四年五月號刊登了〈白人會賞花宴序〉一文，乍看之下讓人完全不明白這篇文章為何出現在三越的公司誌。

過往於柏林創辦之俳會「白人會」於前年年末遷移至東京，是因為會員皆已回到祖國。在柏林一地眾人皆為學生，回國之後紛紛就職，有些人成為軍人、外交官、技師抑或畫工，學士與博士的頭銜橫跨大學六科，其俗稱為人嘖嘖讚嘆，其俳號卻不為人知，反而成為該俳會的特色。

這篇文章的作者「樂天居小波」其實就是巖谷小波。他於一九三三年過世，隔年九月，彙整白人會作品的《白人集》出版，其中收錄了清水晴月所寫的〈回憶白人會創始時〉，從文中可得知此俳句會創立的過程：巖谷受邀擔任柏林大學附屬東洋語學校的講師，於一九〇〇年十月赴德國走馬上任，當時任職於日本公使館的倉知鐵吉、水野幸吉與盧百樹打算邀請巖谷一起創立俳句會，獲得尚為留學生的箟克彥（公法學者）、杉山四五郎（政治家）與美濃部達吉（憲法學者）等人贊成，於隔年開始舉辦俳句會。第一次聚會時，巖谷取柏林的日文漢字寫法「伯林」的「伯」字，拆解為「人」字邊與「白」，稱「白人」一詞與素人[6]相

柏林大學附屬東洋語學校畢業典禮的紀念照（巖谷小波，《小波西行土產　上》，1903年4月，博文館），前排中央即為巖谷。

通」，將俳句會起名為「白人會」。

這本《白人集》也收錄了巖谷小波的回憶文章〈柏林時節（十年紀念會之際）〉。第一次白人會是在一九〇一年一月二十七日召開，會員並非全是門外漢，例如當時擔任日本公使館三等書記官、日後晉升為駐美總領事的水野幸吉便是筑波會的俳人。儘管白人會是俳句會，作法卻與日本略為不同，是眾人圍著桌子、坐在椅子上，把自己吟詠的俳句寫在公使館的橫條紙上。第一次俳句會上獲得最高分的是美濃部達吉，作品為「旅居此地兩年許，迎春無梅恨難平」，巖谷的評語則是「身處柏林方得此句」。當時大家還會一起烹飪日式餐點，圍坐在餐桌前以母語談天說地，想像在遙遠的家鄉梅花應該盛開了。

柏林是「學問之都」，巴黎則以「藝術之都」聞名，一如聚集在柏林的都是留學生，造訪巴黎的則都是藝術家——幾乎同一時期，在巴黎也有人想創立俳句會。收錄於《白人集》

6 指門外漢。

1901年12月14日在巴黎近郊的盧萬河畔格雷村（Grez-sur-Loing）舉辦的巴會（《白人集》，1934年9月，白人會）。前排由右到左為和田英作（外面）與勝田主計（明庵）；後排由右至左為美濃部達吉（古泉）、久保田米齋（世音）與淺井忠實（杢助）。

中、由俳號「世音」的久保田米齋所寫的散文〈巴黎之巴會〉中提到，一九〇一年八月左右，有西畫家和田英作與久保田等三人擔任發起人，另有西畫家淺井忠等四人贊成他們三人的理念，於是決定每個月或每兩個月召開一次俳句會，其成立動機之一正是得知有留學生在柏林組成了白人會。「巴會」從隔年一月開始發行油印雜誌，之後西畫家中村不折與藤村知子多等人來到巴黎，亦成為巴會的一員。至於在倫敦則是於一九〇一年十一月成立俳句會，成員包括正赴英留學的夏目漱石等人。

星野麥人的文章〈在東京舉辦白人會〉（《白人集》）提到一九〇二年夏日，岡田朝太郎（刑法學者）想在東京舉辦白人會，卻因為不方便委託尾崎紅葉，於是轉而拜託星野，不久後，巖谷小波等白人會與巴會的成員紛紛自柏林與巴黎回國，一九〇三年以降，尾崎與石橋思案等人也開始參加俳句會。如同〈白人會賞花宴序〉一文所言，其成員的姓名（俗稱）

回國後都在藝術界、學界與外交界聲名遠播，但是眾人卻不知道他們的「俳號」，例如「十月亭」（有島生馬）、「世音」（久保田米齋）、「苦樂」（黑田清輝）、「水哉」（坪谷善四郎）、「古泉」（美濃部達吉）、「古丘」（山田三良）、「外面」（和田英作）與「吐雲」（和田垣謙三）等人。單看俗稱，或許會認為他們已經聲名鵲起，然而以「俳號」創作的另一端則是內心的動搖不安，在異文化中面對他者、懷疑自我，試著尋找自我認同。

三越吳服店在遠東地區以西洋帝國的百貨公司為範本，嘗試由吳服店轉型為百貨公司，其身影與在異國動搖的心靈因而出現共通之處。三越決定仿效西洋的百貨公司，公司高層於是前往西方考察，並派遣店員到異國學習專業技術、採購最新雜貨，然而光是這樣不夠，還必須結合參與流行會的同時代文人在海外的體驗。三越的公司宣傳雜誌不經意地留下白人會的資訊與標明俳號的俳句，既是以他者為鏡來凝視自己的證據，也是三越與文化人交流往來的證明。

11 新渡戶稻造的流行觀與坪井正五郎開發的新玩具

一九一二年十月十日，三越吳服店流行會於日本橋俱樂部舉辦第三次公開演講，同年的《三越》十一月號所刊登的〈第三次流行會公開演講〉指出，準時到場的觀眾共三百多人，當天的三位演講人是佐佐醒雪、新渡戶稻造與半井桃水（小說家）。身兼東京帝國大學法律系教授與第一高等學校校長的新渡戶，在前一年曾利用甫設立的美日交換教授制度訪美，這次公開演講便是以「外遊所見流行談」為題，分享在美國時的體驗——但他的演講內容有一部分卻可能引起聽眾不悅。他提及在美國人眼裡，一九〇〇年代湧入大量日本移民，加上日本贏得日俄戰爭，因此「日禍論」一說日益高漲，他們並認為日本人儘管擅長美術，卻也因為「野蠻」而善於打仗，又缺乏「商業道德」，買賣沒有「實在的價格」。

雖然演講內容部分令人不快，但分享在國外的見聞想必會成為思考流行取向的參考，倘若「風俗習慣」是源自「民族性」，不走出本國，便無法相對化自我的「風俗習慣」。新渡戶在演講時提到日本男性不認為流行是個「好詞」，但即便是禮儀、工具、鞠躬的形式、拿手杖的方法、人物到思想都有所謂的「流行」。他在西方學到當「交通往來」變得頻繁，便會帶動流行；當「教育」普及，「平等觀念」自然跟著普及，流行也更容易傳播；當「機器製造」規模擴大，出現大量廉價商品，也就打造出流行的環境。日本逐漸邁向近代化，建立起各類制度，流行於是成為消費的重要元素，他在西方的所見所聞也成為三越的方針，指示其應該朝向的目標。

日本第一位人類學家坪井正五郎在一九〇九年一月成為三越吳服店流行會的一員，他在一八八九年前往英國留學三年，之後擔任東京帝國大學理學院教授，主要研究日本的石器時代，同時指導草創時期的考古學。他在入會後於二月二十三日發表演講，主題是樺太地區的愛奴族風俗習慣，演講紀錄並彙整為〈樺太的美術〉（《三越時刊》，同年三月號）一文。文中記述他在演講中一邊說明，一邊展示餐具、生火器具、煙管、婦女的腰帶、頭帶、手套、男童的裝飾品、小刀刀鞘、衣物與綁腿等日用品。當期另一篇文章〈流行會〉則提到會員紛紛驚嘆於綁腿刺繡之美、餐具之便利與裝飾的圖案等設計。

事實上，坪井正五郎並非以人類學家與考古學家的身分對流行會有所貢獻，而是為其收集大量西方玩具，以及發明、創造新玩具。以〈坪井理學博士玩具新發明「烏龜與兔子」〉（《三越時刊》，一九一〇年五月號）一文為例，坪井在文中表示兒歌《喂喂烏龜先生呀》的歌詞隱含烏龜雖然爬得慢，慢慢前進還是能超越放鬆輕敵的兔子，只不過烏龜不見得會贏，比賽的結果端看兔子是否躲懶休息。他根據這項想法所開發的玩具名為「烏龜與兔子」，如右圖所示，他在板子上畫了六十個刻度，左右兩側分別是陶瓷做的烏龜（左）與兔子（右），烏龜用的紅色骰子六面都是兩點或三點，兔子用的白色骰子六面中則有兩面是七點與八點，另外四面都是零點。玩家分別代表烏龜與兔子輪流擲骰子，代表烏龜的人說著「慢慢爬」，代表兔子的人則說「跳跳跳」，一邊進行遊戲。

從一九一〇年三月二十八日《讀賣新聞》的報導〈玩具新發明「烏龜與兔子」——坪井博士設計〉可知這款玩具大受好評，報導提及這是把「雙六[7]改良成富含教育意義的遊戲」，而教育意義就隱含於兔子和烏龜誰比較早抵達終點的競賽裡。這款兔子與烏龜是清水燒的陶器，至於正式的玩具名稱是兔子或烏龜在前，其實三越的公司誌和《讀賣新聞》的報導都未統一，不過《三越》一九一一年十二月號的「歲末年初禮品」清單中記載了「兔子與

〈坪井理學博士玩具新發明「烏龜與兔子」〉（《三越時刊》，1910年5月號）。

烏龜」四十錢，或許是兔子在前面吧。

坪井正五郎成為流行會的會員之後也持續造訪歐洲，於一九一一年七月五日自橫濱出發，搭乘行駛歐洲航線的日本郵船宮崎丸，前往倫敦出席世界人種會議。〈坪井理學博士西行〉（《三越》，同年八月號）報導此時坪井準備了新設計的記事本「口袋桌」——因為他接受《國民新聞》邀稿寫遊記，才發明了這款名為「口袋桌」的記事本，並請三越製作，隨身攜帶，用來畫漫畫。他在賽德港下船前往開羅，搭上一星期後進港的北野丸，將遊記〈來自西歐海上〉寄給《三越》，刊登於同年十一月號。只不過他的「口袋桌」似乎使用過多，紙張快要用罄，因此這篇文章是寫在北野丸的便條上。

坪井正五郎抵達倫敦之後，花費約莫十天參觀博物館，於九月二十六日前往巴黎，之後精力充沛地持續遊歷歐洲各大都市。〈世界名物〉（《三越》，一九一二年二月號）一文記錄了他的足跡：從柏林前往德勒斯敦（Dresden），在世界衛生博覽會看到三越製作的日本人偶，接著到羅馬參加世界地理學會，卻因為爆發義土戰爭而導致學會無限延期，於是前往馬德里、托雷多（Toledo）、蒙地卡羅（Monte-Carlo）、米蘭、龐貝、翡冷翠、威尼斯、布達佩斯與康士坦丁堡等都市，最後回到倫敦，越過大西洋，抵達美國。

7 日本奈良時代自中國傳入的遊戲，以擲骰子來決定點數與行進的距離，類似今日的大富翁遊戲。

一九一二年二月中旬，坪井從西雅圖出發，於三月二十九日回到橫濱。根據〈坪井理學博士的土產〉（《三越》，同年五月號）所述，他遊歷歐洲各大都市並非單純觀光，而是「在日本人較為忽略的二線都市」，也就是拿坡里、翡冷翠、維也納、德勒斯敦與司徒加特（Stuttgart）等地，逛逛巷子裡的攤販，買回「數十件珍奇玩具、文具與旅行用品等」。這些商品與大都市的流行商品大異其趣，充滿濃厚的地方色彩，很多就連旅行過歐洲的日本人都不曾見過，三越則將其展示於兒童博覽會的參考室，供一般民眾觀賞。

坪井正五郎在一九一二年五月的流行會上演講，分享旅途中看到的風俗流行與購買的商品，演講內容並彙整於〈海外旅行土產〉（《三越》，同年六月號）一文。他表示過去倫敦與巴黎的紳士戴的是不便的絲質禮帽，現在戴的人卻不到一成，取而代之的是圓頂禮帽與軟呢帽，時尚變得輕巧簡便；另外還有神奇但可能不實用的鋼筆，扭開筆桿可以放郵票。他在演講中出示了各類商品，最後表示有些點子能在日本實現，要是能因此做成商品就好了。

一九一三年，坪井正五郎為參加世界學院大會而停留在聖彼得堡，於五月二十六日於當地過世，享年五十歲。《三越》同年六月號刊登了〈哀悼理學博士坪井正五郎先生〉一文弔念故人，文中提到兩年前坪井遊歷歐洲時，為三越購買了「百來種嶄新奇特的玩具實用品」。他的遺骨於六月二十四日抵達新橋車站，三天後於染井墓園下葬。此外，參考〈坪井博士與本店〉（《三越》，同年七月號）一文，可知坪井為三越設計的商品超過二十種，玩具類包括「迴力鳥」、「搧紙偶」、「兔子與烏龜」、「旋轉亭格爾」與「交替扇」等；日用品類包括「名片盒」與「六角形時鐘」等；文具類則包括「筆筒」、「明信片分類盒」、「口袋桌」、「波浪形紙鎮」與「七夕紙條」等。

坪井正五郎過世後的第五天，也就是一九一三年五月三十一日，《讀賣新聞》刊登〈博

《三越》1913年7月號刊登的照片介紹第一次兒童會展示的玩具，皆由坪井正五郎所設計。中央上方則是坪井的遺照。

士發行的玩具——故坪井博士的另一面〉介紹三越員工笠原健一對故人的緬懷。三越成立兒童用品研究會來改良兒童用品，坪井也是會員之一，他研究世界各國的玩具，提出新的設計，例如「迴力鳥」做成鶴與鴿子的形狀，飛出去又會回到原本的地方，靈感來自非洲民族狩獵時擊落飛鳥的工具；「旋轉亨格爾」的名稱很奇妙，是把人體分成頭部、身體跟腿部，每個部位都能各自旋轉的玩具。

儘管客死異鄉，坪井正五郎在人生的最後一趟旅行仍舊持續收集俄國的玩具。〈兒童用品研究會彙報〉（《三越》，一九一三年八月號）報導他分別從海參崴與莫斯科寄回玩具，前者有四十件，後者有三十一件，皆加以陳列，向民眾公開展示。兩個月後的十月號《三越》所刊登的〈兒童用品研究會彙報〉，則提到坪井又從聖彼得堡寄來四十多件玩具與文具，該年十一月九日在日本橋俱樂部舉辦「三越玩具會演講」時，現場當然不見坪井的身影。然而他四處收集各國玩具、參考國外玩具來打造新的日本玩具這項基因，已經由三越傳承了下來。

12　帝國劇場開幕與流行會評選服飾

帝國劇場是日本第一個為西洋戲劇所建造的劇場，落成於一九一一年三月一日。這棟白色建築由建築師橫河民輔設計，採用文藝復興風格，包含地下室在內一共五層樓，使用大量義大利進口的大理石、御影石[8]與裝飾用的瓦片，舞台也裝設了日本特有的「花道」[9]，中央大廳的天花板則懸掛水晶吊燈，大量的電燈照亮了西畫家岡田三郎助與和田英作為中央大廳製作的壁畫。下頁圖是一九一一年九月帝國劇場發行的《圖解劇情簡介》手冊封面，手冊中刊登了《帝國劇場導覽》的廣告，介紹劇場內「女性導覽攜帶販賣」的劇場導覽冊，並提到「天花板的繪畫、舞台前的雕刻與布幕等裝飾，都是每一位創作者煞費苦心的成果，劇場的其他建築設備亦為今日文明之結晶」。由此可知，帝國劇場的建築物與室內裝潢本身就值得一看，此外其中可容納一千七百零二人，一樓的東洋軒與三樓的花月、更科亦提供餐飲

8　日本產的花崗岩。

9　由舞台延伸至觀眾席的走道，為歌舞伎舞台的特色。

《圖解劇情簡介》（1911年9月，帝國劇場）封面。

服務。

帝國劇場的建立，三越吳服店可說功不可沒。三越的專務取締役日比翁助是帝國劇場的發起人之一，建築師橫河民輔則在帝國劇場完工後，接著設計三越百貨公司，然而雙方的關係不僅如此，因為連帝國劇場的室內裝潢與演員服裝當時都是由三越負責。〈慶祝帝國劇場新建落成〉（《三越》，一九一一年三月號）一文提到「三越吳服店早已獲得委託，負責準備舞台布幕、舞台上方的眉幕、貴賓席的所有裝飾什器、行政人員與樂手的燕尾服、女性行政人員的西式衣物以及雇員身上印有劇場徽章的袢纏[10]」。構成帝國劇場各類空間的要素都是由三越製作與交貨，舞台亦是如此。當時決定「帝國劇場的西式與東洋服飾皆由本公司服飾部負責」，準備的舞台服飾包括歷史劇、新派喜劇[11]演員的服裝與女演員的舞衣等。

三越吳服店與帝國劇場的關係可以追溯到劇場竣工的一九一一年之前。如一九〇五年二月十四日《東京朝日新聞》的報導〈或有人曰〉便提到，「那位小姐說想跟君江一樣穿著向三越訂製的衣物，去看川上正劇的《鶴姬》，在歌舞伎座品嘗演員餐點」。「正劇」是表演藝術家川上音二郎在一九〇三年表演《奧賽羅》的翻案劇時，為以台詞和動作為主的新戲劇所取的名稱；「演員餐點」則是企劃活動，把演員在舞台烹飪的餐點分給觀眾，這項企劃在歌舞伎座大受好評；至於令人在意的「跟君江一樣穿著向三越訂製的衣物」，應該就是這位小姐的願望，報導指出舞台女演員穿著向三越訂製的衣物，往往是女性觀眾豔羨的對象。

而報導中的君江究竟是誰呢？一九〇五年一月九日《東京朝日新聞》的報導〈東京座本鄉座同衣姊妹〉提到，東京座與本鄉座同時上演《同乳姊妹》這齣戲，改編自菊池幽芳兩年前在《大阪每日新聞》連載的家庭小說，小說中的姊妹就叫君江與房江。當時東京座請來名演員中村芝翫飾演君江，本鄉座由河合武雄擔綱；前者的服裝是三越吳服店負責，後者則是由白木屋吳服店負責，因此這篇報導最後以「芝翫對河合，三越對白木，雙方不分高下，請教大家偏愛何方」作結，下頁圖便是身著三越服裝的中村芝翫（《大三越歷史照片帖》，一九三二年十一月，大三越歷史照片帖刊行會）。劇場是宣傳和服流行的場所，各家劇場往往會邀請不同的吳服店來為同一齣戲製作戲服——這種作法的重點並不是要一較高下，而是藉此炒熱話題、獲得好評。

---

10 類似外套的和服，過往多為工匠衣著。

11 現代大眾戲劇之一。

《大三越歷史照片帖》（1932年11月，大三越歷史照片帖刊行會）中收錄穿著三越服裝的中村芝翫。

向三越吳服店訂製服裝的不僅是東京座，一九〇七年三月到七月在上野舉辦的東京勸業博覽會也多次利用三越製作的服裝吸引眾人目光。根據〈東京博覽會〉（《東京朝日新聞》，一九〇七年六月九日）報導，自六月八日起，連續三天在演藝場配合三味線音樂與流行歌曲跳舞的柳橋藝妓便全都身著向三越訂製的和服。一個月之後的另一篇〈東京博覽會〉（《東京朝日新聞》，一九〇七年七月十日）則報導演藝場自七月十二日開始，由芳町藝妓表演新曲《東方習俗》，舞曲內容傳達江戶過去的發展、東京的繁華與博覽會的熱鬧情景，藝妓身上優美華麗的和服全由三越提供。

一九一〇年十月二十七日，大清帝國的載洵貝勒造訪東京之際，南滿洲鐵路公司為他在歌舞伎座舉辦迎賓表演，〈迎賓戲劇〉（《東京朝日新聞》，同年十月二十二日）一文提到當天「一切裝飾」都是由三越負責：劇場外設置巨大的拱門，正門擺了金屏風，屏風前方是偌大的菊花盆栽；拆除二樓正面的貴賓席、鋪上地毯，柱子全部以布料包覆；劇場中央是殿下的觀賞席，也準備了其他皇族的坐位，普通席另行放置椅子[12]作為貴族院與眾議院兩院的議員坐位；走廊的地毯全部換新，並變更餐廳的裝飾。當天上演的迎賓戲劇是狂言，舞台背景與大型道具也都是由三越準備。

與劇場過從甚密的三越吳服店，和帝國劇場的關係也不僅限於開幕前的準備階段，雙方之後依舊維持合作關係，其中一名維繫彼此的關鍵人物便是劇作家松居松葉。一九一三年十月十日，流行會於日本橋俱樂部舉辦第四次演講，兩百多名聽眾當中也包括帝國劇場的女演員森律子。她不久前到英國、法國與德國旅遊方才歸國，之所以專程前來聆聽演講，是因為當天的演講人松居松葉的演講題目就是「西洋戲劇」。《三越》同年十一月號刊登了這篇演講紀錄，松居在演講開頭提到自己在七年前曾遊歷西方諸國，事實上，《時好》從一九〇六年六月號便開始短期連載松居的遊記〈歐美漫遊備後丸之卷〉，從中可知前往歐美考察百貨公司的日比翁助與執行弘道也搭乘同一艘船，松居從以前便和執行有交情，當時則和日比剛認識沒多久。

12 明治時代的歌舞伎座沒有椅子。

他的演講還比較了東京與歐美大都市的劇場數量。東京人口共兩百萬，坐擁十七座劇場，以此為基準，居民五百萬的倫敦應該要有四十二座劇場，但實際上卻有五十四座；巴黎住了三百萬人，以此類推應有二十五座劇場，實際上則有三十四座。紐約與巴黎人口相當，卻擁有四十座劇場；柏林與東京人口相當，倘若比例相同，那麼應該和東京一樣有十七座劇場，實際上卻是兩倍、達三十四座。曼徹斯特人口六十萬，共有九座劇場；慕尼黑人口五十萬，共有八座劇場，比例都高於東京。三越發願成為東洋第一的百貨公司，帝國劇場則立志成為東洋第一的劇場，雙方都追隨著西方的背影向前邁進。

松居松葉七年前客居倫敦時曾見過劇評家威廉．亞契爾（William Archer），對方以引領英國新戲劇運動（New Drama movement）聞名。〈英國的大劇評家〉（《三越》，一九一二年七月號）一文提到，松居回憶當年自己每天早上都會把亞契爾在《論壇報》（*Tribune*）發表的劇評剪下來，貼在筆記本上，也曾經造訪國民自由俱樂部（National Liberal Club），盼能直接向對方討教。儘管七年來兩人不曾聯絡，但一九一二年五月亞契爾訪問日本，雙方在文藝協會舉辦的演講會重逢，松居於是招待亞契爾前往三越。倫敦、巴黎與柏林等歐洲的中心都有大型的百貨公司，但是到了義大利和西班牙可就沒有這種等級的商店了，雖然可能多少是社交辭令，不過文中記載亞契爾對於三越的「規模之大」嘆為觀止。

松居松葉從帝國劇場開幕典禮準備階段便投身企劃，開幕後亦持續參與帝劇的工作。他

帝國劇場舉辦的春季狂言表演《共乘船》的服裝（《三越》，1913年1月號），上頭有「牛車」、「綁起來的信」與「梅花」三種圖案。

在〈十一月十五日是夜〉（《三越》，一九一二年十二月號）一文中提到於帝國飯店舉辦的兩毛織品鑑賞會派對，當天受邀的貴賓是三越流行會的會員與帝國劇場的相關人士，對於主辦方代表澀澤榮一男爵而言，要宣傳紡織品重鎮桐生的織品，就必須接觸三越與帝國劇場，所以才招待雙方。當天上台致詞的包括帝國劇場的專務取締役手塚猛昌、演員尾上梅幸與森律子等人，以及流行會成員巖谷小波、佐佐醒雪、高島平三郎等。主辦方之所以邀請三越與帝國劇場相關人士，除了期望可以宣傳織品，當然也期待藉由這類機會加深彼此的交情。

　如同知名的宣傳口號「今日帝劇，明日三越」所示，此時帝國劇場的舞台服裝正是由三越負責準備。〈流行會選定服裝〉（《三越》，一九一三年一月號）一文提到十一月十五日三越與帝國劇場相關人士聚餐，帝國劇場將於春天上演益田太郎創作的喜劇，委託流行會挑選女演員和服下襬的設計，流行會因此於十二月的定期會議審查了數十件由三越吳服店設計部所設計的下襬圖案，從中挑選了七件，並在一月號的卷頭插畫加以介紹。從另一篇相關文章〈流行會選定的帝劇服裝〉（《三越》，同年二月號）可知，春天的狂言表演《共乘船》中扮演藝妓的女演員所穿著的服裝即為上頁圖，由於設計大受觀眾好評，帝國劇場於是為滿足觀眾「想近距離觀賞」的期望而陳列於入口大廳，渴望擁有相同服飾的觀眾因而會向三越訂購。

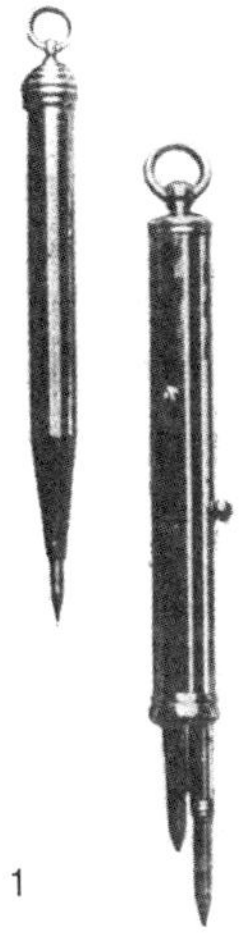

1

2

3

4

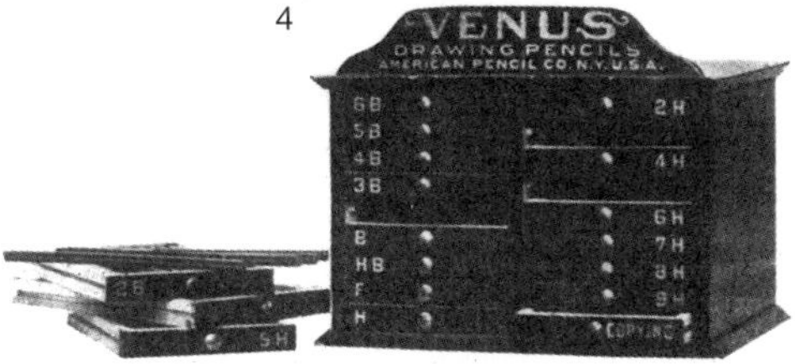

5

6

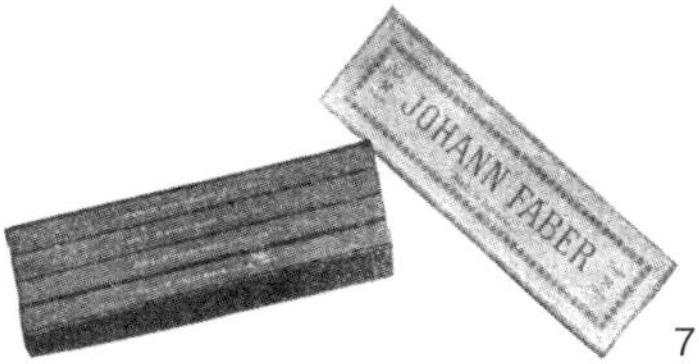

7

1：「舶來旋轉鉛筆」（《三越》，1913年1月號），相當於現代的自動鉛筆，由右至左分別是「方形三隻筆」、「圓形兩隻筆」與「圓形一隻筆」，共三種。
2：「無針釘書機」（《三越》，1913年4月號），是不需要針的釘書機。
3：「卡特墨水」（Carter's Ink，《三越》，1913年9月號），壓住出口的橡皮球，另一邊就會流出墨水。
4：「維納斯鉛筆」（Venus Pencil，《三越》，1913年10月號），來自美國，顏色從6B到9H都有。
5：「舶來橡皮糊」（《三越》，1913年6月號）。
6：「明信片收納冊」（《三越》，1913年5月號）。
7：「舶來最高級鋼筆橡皮擦」（《三越》，1911年12月號），一頭是鉛筆用的橡皮擦，另一頭可以消除鋼筆墨水。

第三章

創造文化的百貨公司

13 光之魔術——東京勸業博覽會與三越吳服店

一八五一年在倫敦舉辦的「大博覽會」（Great Exhibition of the Works of Industry of all Nations）雖然名稱裡沒有「世界」兩字，卻是史上第一個世界博覽會。英國自從工業革命成功以來，便利用蒸汽船開拓全球航線，擴張殖民地，促進文化與物品交流。而用來展示物品的博覽會，既能誇耀帝國的力量，又能活化經濟，因此初期都辦在歐美等地的大都市。約十年之後的一八六二年，竹內下野守[1]一行人以第一屆度歐使節身分前往歐洲，親眼見識了倫敦大博覽會。日本第一次參加的博覽會是一八六七年舉辦的巴黎世界博覽會，當時是由德川幕府與薩摩[2]藩一起參展，以明治政府身分參加且建設日本館，則是始於一八七三年的維也納世界博覽會。

在日本尚未成為帝國一分子的時候，日本的博覽會指的其實是「物產會」。明治政府主辦的內國[3]勸業博覽會始於一八七七年，原本預定於一九〇七年舉辦第六屆內國勸業博覽會，卻因為日俄戰爭導致財政動盪，只得改成東京府主辦的勸業博覽會，《工商世界太平洋臨時增刊　東京勸業博覽會》（一九〇七年三月，博文館）收錄的〈東京勸業博覽會〉一文便提到，其「名為東京博覽會，實為內國博覽會」。然而，單憑「東京」升格為「內國」並無法充分說明這場博覽會的特性，因此文中還提到「具備內國的性質，同時台灣也參展，推出台灣館，朝鮮則推出朝鮮館，成為全日本的博覽會」。從東京勸業博覽會可以看到，日本經歷中日戰爭與日俄戰爭後，已自認成為帝國的一員。

東京勸業博覽會的展期為一九〇七年三月二十日到七月三十一日，來場人數多達六百八十萬人。展場分為第一會場與第二會場，前者位於上野的竹之台新公園，後者位於不忍池畔，兩者面積合計約五萬坪，第一會場共有七個場館，包括植物溫室、動物舍、美術館與人類館；第二會場共有六個場館，包括外國館、機械館、水族館與奏樂堂等場地。展品則分為以下十九項，分別是：①教育與學藝，②美術，③圖案設計，④農業與園藝，⑤林業與狩獵，⑥水產，⑦餐飲，⑧化學製品，⑨窯業產品、金石製品與漆器，⑩木頭與竹子製品、紙製品與其他植物製品，⑪皮革、羽毛、牙角與盔甲製品，⑫染織與刺繡，⑬衣物、飾品、隨身物品、編織工藝品與織品，⑭採礦、冶金與金屬加工，⑮機械，⑯運輸，⑰建築與土木，

譯註

1 下野國相當於今日的栃木縣，下野守是管理下野國的地方官。

2 今鹿兒島縣。

3 指日本國內。

⑱經濟、衛生與救濟，⑲陸海軍用品及武器。這十九項又細分為一百七十三種，包含日本所有近代的生產製造活動，參展者會在此互相競爭，一較高下。

一如「勸業」兩字所示，東京勸業博覽會旨在獎勵振興產業，同時也是一場娛樂活動，為兒童等觀眾帶來歡樂。外國館的展示品皆為外國製品，因此映入眼簾的是巴黎的化妝品與瑞士的時鐘等最新流行商品；水族館則以聖路易斯博覽會為範本，大大小小的水槽共有四十七個，北自千島群島，南到台灣，展示了海洋生物的多樣性，中央水池中的海豚與海狗也大受歡迎。演藝場可容納兩千名觀眾，開幕當天曾上演能樂；逛到肚子餓時，可以在餐飲館吃到來自全國各地的餐點與點心；罐頭試吃館則陳列了日本全國各地製造的罐頭，也提供試吃，此外還有淺草仲見世商店街的達摩、吉原的金子與京都的平野屋等百家餐廳參展，走進精養軒便能輕鬆品嘗西餐，八角堂則提供惠比壽啤酒。

凌雲院後方架設了摩天輪，共有十八個車廂，每個車廂最多可乘坐八人，加上高度約十八公尺，因此每次可以有一百四十四名乘客同時在空中遊覽，遠眺全東京市與房總半島，《工商世界太平洋臨時增刊　東京勸業博覽會》的〈摩天輪〉一文也提及「開設於東京市的博覽會，首次設置摩天輪，前所未有」。因為四年前在大阪舉辦的第五屆內國勸業博覽會已經出現滑水道與旋轉木馬等遊樂設施及燈飾，去年大阪舉辦的日俄戰爭戰捷紀念博覽會也裝設過摩天輪，但是東京的博覽會還沒出現過這類設施，入夜後打燈照亮摩天輪，看起來更為燦爛奪目。

光之魔術是東京勸業博覽會的魅力之一。晚間在噴泉塔下休息，燈光照亮落下的水瀑，形成五顏六色的瀑布，〈壯觀的燈飾〉（《工商世界太平洋臨時增刊　東京勸業博覽會》）一文提到入夜後點亮的燈泡多達三萬五千零八十四個，在第五屆勸業博覽會之際，燈飾的燈泡數量不過六千七百多個，這時則足足多了約五．二倍。左圖「夜晚的博覽會」引自《帝國畫報　續東京博覽會大畫報》（一九〇七年七月，富山房），從中可見上方是外國館的夜景，中間是電子花車，下方是打燈後的三菱館，白天的會場熱鬧非凡，像在舉辦慶典，到了晚上則散發如夢似幻的氣氛。

「夜晚的博覽會」（《帝國畫報　續東京博覽會大畫報》，1907年7月，富山房）。

東京博覽會的燈飾為上野的夜晚增添繽紛色

〈最近的三越吳服店（九）〉（《日本的三越——紀念大阪分店開幕》，1907年5月，三越吳服店）。

彩，此外還有另一個需要供應電力的活動同樣活躍在東京的天空下，和東京博覽會相互呼應。那就是博覽會展期間的星期六、日，三越會在三井銀行前的廣場放映「實物幻燈片」與「電影」，供一般民眾欣賞。上圖〈最近的三越吳服店（九）〉收錄於《日本的三越——紀念大阪分店開幕》（一九〇七年五月，三越吳服店），原圖解說指出每次觀眾都多達數千人，就連站在中間負責警衛工作的警官也和嘴巴半開、凝視空中的孩子一樣，沉醉於影像之中。而這兩項夜間活動同時舉辦，其實並非偶然。

黑田撫泉的散文〈三越放言〉（《日本的三越——紀念大阪分店開幕》）中「大博覽會與小博覽會」一節，提到

「此類博覽會不可錯過，位於日本橋駿河町的小博覽會亦值得一看」，「大博覽會」在夜晚以燈飾吸引遊客，「小博覽會」（三越）則放映幻燈片與電影。當然，當時同步舉辦的活動琳瑯滿目，並不限於夜間。左圖是《日本的三越——紀念大阪分店開幕》的卷頭插畫，身著和服的女性旁邊寫著「豈有人來東京不看博覽會、來博覽會不到三越？」，藉此宣傳來東京觀光就一定要參觀「大博覽會」與「小博覽會」，這代表三越視為理想的百貨公司正具備了博覽會的特性。

《日本的三越——紀念大阪分店開幕》卷頭插畫，由丸之內的田中製版廠製作。

三越吳服店的公司宣傳雜誌《時好》在一九〇七年四月臨時增刊出版《東京與博覽會》及附錄《三越吳服店參觀導覽》，從這些刊物中也可以看出三越吳服店自視為「小博覽會」的心態。《東京與博覽會》內容分為三篇，分別是〈第一篇　參觀東京的好時機〉、〈第二篇　東京名勝導覽〉與〈第三篇　博覽會導覽〉。第一篇介紹東京人口一百九十七萬，是繼倫敦、巴黎、紐約、廣東與柏林後的全球第六大都市，故建議讀者花五天時間參觀東京市區，再花兩天參觀博覽會。第二篇是第一篇的具體行程，將五天的行程按區域分為：①麴町區與神田區，②日本橋區、京橋區與芝區，③麻布區、赤坂區、四谷區、牛込區與小石川區，④本鄉區與下谷區，⑤淺草區、本所區與深川區，並分別介紹各區名勝。

第三篇的開頭第一節是「戰勝國的新產物」。一八九四年爆發中日戰爭，奠定了日本的資本主義路線；一九〇四年發生日俄戰爭，則促進日本的工業發展，日新月異，變化多到「不見十年前的面貌」。而舉辦東京勸業博覽會的目的之一，是展示十年來的「產業革新」，換句話說，就是誇耀帝國的力量，同時進一步刺激經濟活化。西方列強在十九世紀後期舉辦了世界博覽會，而東京勸業博覽會便是遠東帝國日本的博覽會雛形。書中規劃第一天參觀第一會場、第二天參觀第二與第三會場，因此當時應該看得到遊客手持五十四頁的《東京與博覽會》來參觀東京市區和博覽會吧！

博覽會開幕十天後的四月一日起，三越推出了新設計展示會、碎布與特價布料大特賣，以及下襬設計徵稿展示會，或許是因為參雜了參觀東京勸業博覽會的觀光客，因此三越門庭若市，遠超過以往，四月二日下午三點以後甚至必須限制進場人數。前述的附錄《三越吳服店參觀導覽》中〈日本第一家百貨公司〉一節，提到三越吳服店的認知與抱負——參考西方的百貨公司，改變過往只販賣絹織品與棉麻織品的銷售型態，從一九〇二年開始販賣日用品，三年後擴大至化妝品，並在一九〇六年成立西服部，同時販賣帽子、洋傘、拐杖、行李箱、鞋子與旅行用品，將來預定銷售更多品項，「與歐美大型零售商店（百貨公司）並駕齊驅」。銷售「百貨」的目標，可說與東京勸業博覽會訂立的十九項類別、一百七十三種展品有異曲同工之妙。

《三越吳服店參觀導覽》的另一節〈三越吳服店八景〉中，介紹了其自行選定的三越八景：①「幽邃的空中庵」，②「空中花園遠眺」，③「門庭若市的特價賣場」，④「休息室的鋼琴」，⑤「豔麗的櫥窗」，⑥「夜晚的燈飾」，⑦「色彩繽紛的日用品賣場」，⑧「窗明几淨的餐廳」。值得注意的是，八景當中關於商品銷售的只有「特價賣場」與「日用品賣場」，倘若東京勸業博覽會的首要目的是獎勵與振興產業，同時舉辦帶給民眾歡樂的娛樂活動，那麼三越的目標顯然也是帶來消費以外的樂趣，所謂的光之魔術便是其手段之一。相對於東京勸業博覽會那樣的大博覽會，三越將自己定位為「小博覽會」，也正是因為雙方性質有共通之處。

14 土藏式兩層樓店鋪與森鷗外的〈三越〉

一九〇七年東京勸業博覽會期間，三越吳服店把自己定位為「小博覽會」，那麼所謂的「小博覽會」究竟呈現出什麼樣的門市景況呢？本書第三十二頁收錄的圖片記錄了一八九四年到一八九五年的三井吳服店外觀。三井吳服店在一八九五年十一月把二樓的接待室與僕役住宿的房間改裝成賣場來陳列商品，象徵吳服店開始邁向近代化，但當時改裝的只有室內，二十一年前完工的土藏式兩層樓建築外觀並未變化，等到十多年後的一九〇八年四月，店面方才遷移至文藝復興風格的三層樓臨時門市，重新出發。亦即在此之前，三越只能在老舊的建築物裡，嘗試從吳服店進化為百貨公司。

如前所述，東京勸業博覽會於一九〇七年四月開幕，《時好》為配合博覽會而臨時增刊，發行《東京與博覽會》刊物。刊物裡的「東京三越吳服店賣場導覽圖」繪製的是一樓與二樓的平面圖，介紹了各類賣場的位置，從一樓（樓下）面對日本橋通的入口走向中央，左側是洋傘與拐杖的賣場，後方是化妝品賣場，右側則銷售鞋子、行李箱與旅行用品。附錄《三越吳服店參觀導覽》中提到增加的商品品項幾乎都集中在這一區，例外的是西服布料，位於二樓平面圖右下方的「十一號賣場」，和「供外國消費者選購的刺繡屏風」擺在一起。

至於其他賣場主要銷售絹布等和服布料，以及棉麻等纖維較粗的布料。入口正面樓梯前方是「襯領與提包」，後方右手邊是「碎布與特價布料」，左手邊是「棉織品、毛織品與棉布」。走上二樓，平面圖顯示從左手邊開始分別是「撚紗織造銘仙與其他坐墊、地毯類」、「友禪皺綢、更紗皺綢、色絹與甲斐絹類」、「腰帶布料與金銀錦緞類」、「緹花御召[4]、條紋御召與其他可印家徽的和服類」、「有圖案的和服、長襦袢與其他色皺綢類」，以及「白皺綢、白紡綢與其他白底絹織品」。從平面圖標示的賣場可以看出商品主要為絹布等和服布料與纖維較粗的織品，其他商品的品項只增加了一點，要等到一九〇七年底，豐泉益三搭乘西伯利亞鐵路到歐洲採購，才能看到賣場出現更多商品。而東京勸業博覽會在此之前已經閉幕，三越所謂的「與歐美大型零售商店並駕齊驅」不過是願景，離真正實現還有一段漫長的路。

詩人前田林外於一八九七年到一九〇七年間活躍於文藝雜誌《明星》，一九〇七年三月，《時好》轉刊了他前一個月在《文藝倶樂部》發表的詩作〈已經到了三越絹布店〉，開頭如下：「望向電車窗外／風箏在藍天飄揚／旗子高掛屋簷下。」重新端詳三越吳服店在一

4 「御召」是一種高級的絹織和服。

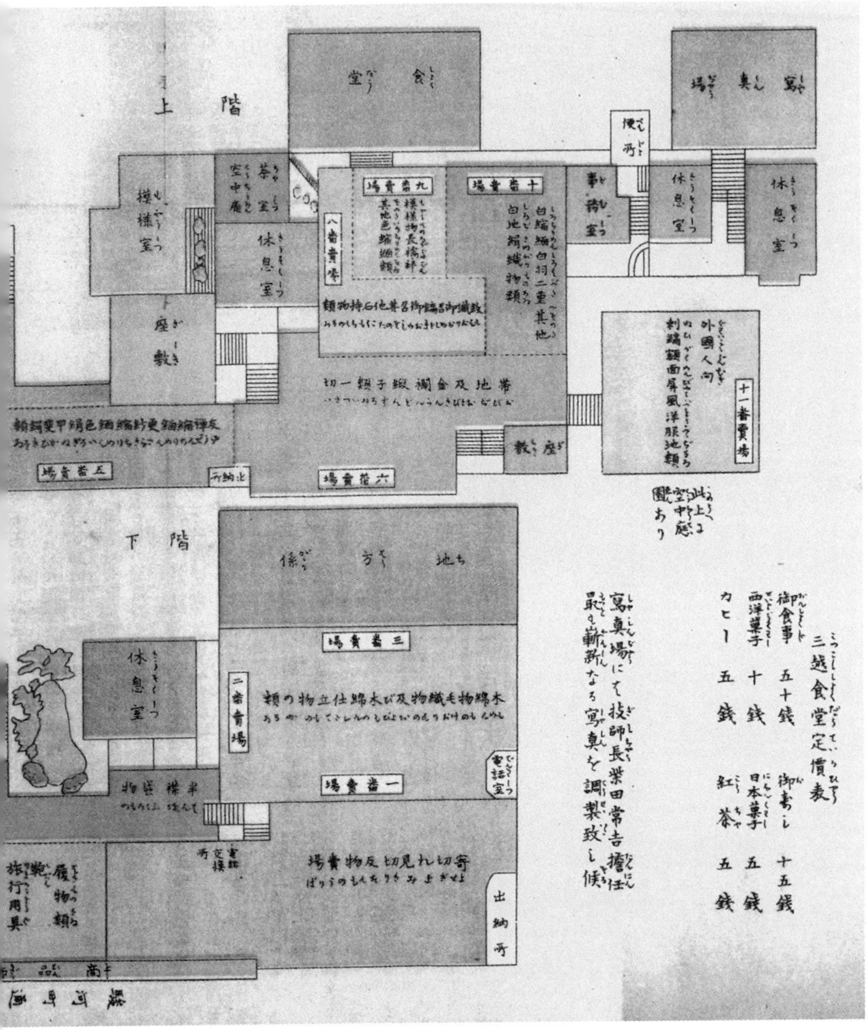

「東京三越吳服店賣場導覽圖」(《東京與博覽會》,《時好》臨時增刊,1907年3月)。

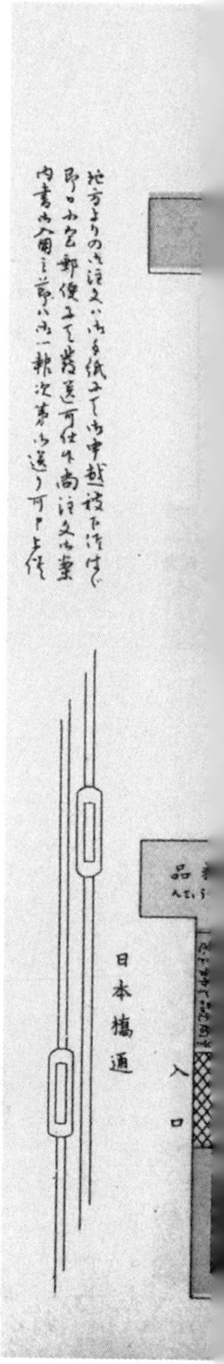

八九四年到一八九五年的照片，可以發現左下方確實有鐵軌，三越店門前的路在十九世紀末是東京馬車鐵路，到了一九〇三年到一九〇四年則改為以電力為動力的東京電車鐵路。詩作第二段則是：「已經到了三越絹布店／在這裡下車吧！在這裡購物吧！／要買絹布，就買那個。／白綾配紅梅。」「綾」是網眼小的薄絹布，通常以織布的方式織出花紋。詩人以「絹布店」形容三越，代表他所認知的三越是販賣絹織品的商店，主要商品是和服，而且是絹布製的高級和服，而非棉麻類和服。

我站在三越的賣場桌旁／來了一位可愛的客人。
不符合銘仙衣物的／高雅舉止和謙遜眼神／散發難忘的光芒。是誰家的女兒呢？
美玉不裝香櫝是為恥／為何如同進宮般躊躇不決？
不是看到甦醒的希臘（赫利俄斯），而是元祿的奢華圖案／含羞的眼神閃閃發亮。
看哪！不是依照喜好選擇／而是挑選廉價商品／想遮掩她的顧慮卻反而更顯眼。
站在賣場桌旁的我／要是發財致富／不會收這女孩錢／會送給她所有商品。

這首森鷗外的〈三越〉發表於一九〇七年一月發行的雜誌《趣味》，下一個月的《時好》也轉刊了這首詩。森鷗外選擇絹織品賣場作為詩作的舞台，從第一段的「我站在三越的賣場桌旁」可知主詞是在「賣場」的「我」，也就是三越的店員。有一位「可愛的客人」來到三越，雖然身著絹布做的和服，卻不是高級品，而是廉價的日常衣物「銘仙」，但是她的「高雅舉止」和「謙遜」的眼神令人印象深刻，「我」因而好奇對方究竟是誰家的女兒呢？

女孩看見數年前流行的「元祿的奢華圖案」，雙眸不禁亮了起來，詩中以「甦醒的希臘（赫利俄斯）」對比「元祿圖案」，這裡的「希臘（赫利俄斯）」指的就是希臘神話中的太陽神。日本的元祿時代並非始於紀元前，不如希臘神話歷史悠久，但其橫跨十七世紀末到十八世紀初，當時的女性和服已出現裝飾的特色，三越於一九〇五年製作的豪華和服便是源自元祿時代的奢華設計。女孩雖然深受元祿圖案的和服吸引，實際上卻選擇了便宜的商品，「我」看到女孩的「顧慮」，心想要是自己哪天發財了，就要把商品送給對方。這代表三越並不是一般的商店，消費者來到這裡購物時，也會憧憬著自己買不起的衣物。

根據前面的「東京三越吳服店賣場導覽圖」來體驗一九〇七年的三越門市，會發現賣場以外的場所也十分顯眼。例如入口兩側設有櫥窗，休息室一共有四間，一樓一間、二樓三間，且二樓還有兩個鋪設榻榻米的空間，作為和服圖案室與餐廳，餐廳提供的餐點為正餐五十錢、壽司十五錢、西點十錢，日式點心、咖啡與紅茶則各五錢。此外還有攝影棚，強調由

「技師長柴田常吉負責，隨時製作最為新穎的照片」，頂樓是空中花園與茶室「空中庵」。由於東京勸業博覽會亦設有摩天輪、噴泉與燈飾等遊樂設施以饗觀眾，從這些共通點可知，三越的確足以比擬為「小博覽會」。

三越的茶室空中庵落成於一九〇六年二月，根據〈三越吳服店內別有洞天——新建的空中庵〉（《時好》，同年三月號）一文描述，前往茶室要從休息室穿過由瓦片、松葉與日式庭園石板鋪就的步道，沿路是胡枝子並排的矮牆，茶室本身則模仿茶道名家松浦伯爵設於其庭園蓬萊園的「心月庵」，設計與名稱都請教過松浦伯爵。茶室大小約兩坪多，部分鋪木板、右側開小窗，左側以紙門隔開的是準備茶會與洗茶器的「水屋」，入口處則是格子拉門。文中提到「這間茶室是為了本次訪日的英國貴賓特意新建」，這裡的貴賓指的正是第一章提過的亞瑟王子。同年二月二十二日的《東京朝日新聞》報導〈貴賓光臨三越吳服店〉，提到當天茶會的茶道流派為石川流，泡薄茶的是松浦伯爵的得意門生

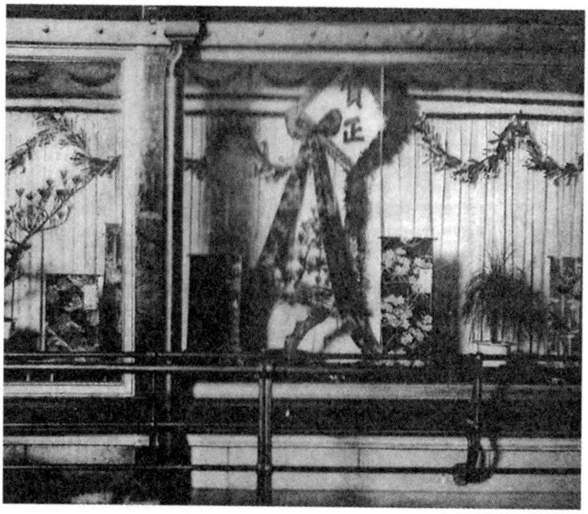

三越吳服店的櫥窗（《時好》，1907年2月號）。紙上大書「賀正」兩字，顯見是新年的裝飾。

「暹羅皇族蒞臨三越吳服店茶室空中庵」（《時好》，1906年5月號）。

久保田文女，也就是久保田米齋的妻子。

亞瑟王子蒞臨後一個半月，義大利的烏迪內王子也來到三越，在空中庵接受抹茶款待。〈順道蒞臨三越〉（《東京朝日新聞》，一九〇六年四月六日）一文報導久保田米齋夫人穿著「元祿風格的和服」，向王子「奉茶」，又根據〈義國皇族與三越〉（《讀賣新聞》，同年四月十日）可知，烏迪內王子「從拿茶碗的方式到喝茶的姿勢」都符合茶道的規矩，久保田夫人看了還驚訝地詢問他是何時學習茶道的。上圖刊登於同年五月號的《時好》，標題是「暹羅皇族蒞臨三越吳服店茶室空中庵」，右邊身穿軍服的是暹羅（今泰國）的那空差西親王，左邊身著長外衣禮服的，則是宮內廳的職員稻葉式部官。

至於三越的空中花園則是於一九〇七年四月七日開幕，與茶室空中庵同樣位於兩層樓高的建築，這樣的高度就可以叫作「空中」，可知當時的東京市區尚未出現高樓大廈。第一百四十七頁的照片便是從空中花園眺望的景色，此外花園中有神社、花壇、藤花架與噴水池。這一年的十二月八日，大清帝國的溥倫殿下在離開德國大使館的路上也順道造訪了三越吳服店。〈溥倫殿下光臨〉（《東京朝日新聞》，同年十二月十日）一文報導，當天由日比翁助與藤村喜七為溥倫導覽，買完東西之後，還在空中花園的稻荷神社前攝影留念，接著到空中庵，由茶事主任市川樂子泡薄茶奉茶。三越的公司誌與報紙在刊登有關空中庵與空中花園的報導時，除了三越的相關人士外，往往只會提到貴賓，然而這並不代表一般顧客無法參觀這些地方。如同東京勸業博覽會準備娛樂設施讓觀眾享受那般，三越也會為一般民眾提供前述的休息室、餐廳與攝影棚等服務。

15 西服／洋傘／拐杖／帽子／鞋子

民眾參觀過東京勸業博覽會之後順道前往三越吳服店，除了絹織品與棉麻織品之外，還能買到哪些流行商品呢？濱田生在〈從頭到腳（何謂百貨公司？）〉（《時好》，一九〇七年十一月號）中說明百貨公司的英文是department store，「department」是「部分」之意，「store」則是指「商店」，所以具備各種部分的商店便是百貨公司。要個別去「各部分」（帽子、衣服、領帶、鞋子、時鐘與傘等商品）的專賣店購物耗時費力，但是百貨公司就備有「從頭到腳」各部分的商品，因此採買起來便利又省時，另一方面，其大量採購商品、壓低成本，價格也比一般零售商店便宜。濱田認為得以滿足便利與便宜這兩大條件的，就是百貨公司。

具體來說，「從頭到腳」一詞包含了哪些商品呢？石橋思案有篇小說名為〈失戀大雜院〉（《時好》，一九〇五年八月號），其中有一段是男主角森林喜代男與女主角人見羽仁子在日比谷公園約會，討論日本近代化的情況。左圖即是小說中的插畫，作者描述兩人的外表如下：森林身著「嗶嘰西裝」，脖子上綁著「蝴蝶結領飾」，左手拿著「巴拿馬帽」，右

石橋思案〈失戀大雜院〉的插圖（《時好》，1905年8月號）。

手則持「絹質手帕」，雖然插圖上看不見手帕，但其他部分的確符合文字敘述。而人見羽仁子頭梳「二百三高地」髮型[5]，身著「染成淺黃色的繡球大花圖案浴衣」和「紅褐色日式褲裙」，這樣的描述也與插圖一致，儘管圖中並未畫出其他部分，不過小說裡還是提到人見穿戴著「紅色皮鞋」、「深綠色的襪子」、「深藍色的長手套」，且手持「拱型陽傘」。

當時在絹織品與棉麻織品的賣場還買不到西式男裝與配件，要等到一九〇六年九月一日三越的西服部成立，才能在那裡買到西式男裝。正確來說，早在一八八八年，當三越吳服店還是越後屋時便已開設了三越西服店，但是當時男性的西服尚未普及為日常實用衣物，因此十二年後不得不關門大吉。〈西服部新成立〉（《時好》，一九〇六年九月號）一文提到，

5 慶祝日俄戰爭拿下旅順二〇三高地而流行的髮型，特徵是髮髻高。

由於「時代進步」，民眾開始了解西服的必要性，於是三越才重新成立西服部，製作「歐美最新流行的紳士服」，並從倫敦請來「知名裁縫師」，預計於十一月上旬抵達日本。

《時好》一九〇六年九月號刊登的〈西服的福音——三越吳服店伴隨時代要求設置的新設備〉提到當時西服已經不再稀奇，而是「不可或缺」的日用品，「上至大元帥，下至諸官廳的工友警衛」，無論是宮中的禮服、軍人的正裝與便服到學生的制服，全都是西服，畢竟和服不便行走，但換上西裝的話哪裡都能去，只不過作者本人也承認榻榻米與日式坐墊並不適合西服。換句話說，大家在上學、上班時身著西服，回到家還是會換上和服放鬆——這種男性依場合更換西服或和服的情況，在一九〇〇年代也成為一種生活習慣。

一九〇七年一月號的《時好》刊登了一則廣告，問道：「為何三越吳服店的西服居日本之冠？」並提出了兩個答案，一是「羊毛布料全部自英國進口」，亦即想要建立紳士服的品牌形象，就必須強調商品來自英國；另一則是「來自倫敦的裁縫師熱切投入工作」，也就是當時三越聘請了來自西服發源地倫敦西區（West End）的裁縫師，並在同年二月的廣告刊登了裁縫師亞歷山大．米契爾的照片，藉此提升品牌形象。

石橋思案還讓〈失戀大雜院〉的女主角人見羽仁子手持「拱型陽傘」，而現實中，三越於一九〇七年四月開始在入口左側設置洋傘賣場。或許是因為剛開始沒多久，記者紫生在〈今年最流行的洋傘〉（《時好》，一九〇七年五月號）一文如此說明撐洋傘的習慣：最近婦女使用的洋傘不僅可用來遮雨，也能在天氣晴朗時遮陽。由於後者不會在雨天使用，因此會施以裝飾，包含釘線繡與抽線繡等，有些商品則是採用兩層布料。歐美婦女習慣在天氣晴朗時撐洋傘，日本的女性則尚未養成這樣的習慣。三越研究了絞染圖案的洋傘至今，卻只推出出口用的商品，但最近不少日本「貴婦」受到西方影響，也用起洋傘。巴黎近年來流行的洋傘從薄平傘轉為拱型傘，這篇報導推測日本今後也會出現相同的流行，故建議大家挑選拱型傘。

此外三越的拐杖賣場和洋傘賣場設在同一處。二十五年之後的一九三二年，日本發生首相在官邸遭到槍殺的五一五事件，當時身故的前首相犬養毅也曾來到三越吳服店購買拐杖。〈隔壁的流言〉（《讀賣新聞》，一九〇八年二月二十二日）一文如是記述：「犬養木堂近日偕夫人一同去三越吳服店逛街，發現天然樹木彎折九十度的稀奇拐杖▲[6]問了價錢才知道是巴黎製的，要價高達九圓五十錢，但是平常喜愛骨董的習慣鼓吹他買下拐杖帶回家。」一文中的「木堂」便是犬養毅的號，不知道是不是因為拐杖太貴導致當天沒有預算購買其他商品，文章後續寫道犬養回家之後受到妻子「嚴重抗議」，但是他仍舊「得意洋洋」地表示「這輩子沒用過令人如此愉快的拐杖」而四處炫耀。或許就是因為這樣，所以這則軼事才會

6 標示同原文。

上報吧，足見來自巴黎的進口商品在這個賣場也備受青睞。

洋傘與拐杖賣場的左後方是化妝品賣場。早在一九〇五年八月十五日，三越吳服店便已開始販賣進口化妝品，並在兩個月之後推出進口帽子與童裝。同年十月號的《時好》刊登公告「三越開始販賣帽子」，載明「三越吳服店配合本次化妝品部擴大，開始販賣冬天用的帽子。對於想要購買最新流行冬帽的顧客而言再方便不過了。價格一如往常低廉，款式皆為歐美最新流行，歡迎大家多加選購」。這則公告的行銷賣點在於強調歐美最新流行商品，藉此吸引消費者注意，刺激眾人的購買欲望。

一年半後，正逢東京勸業博覽會熱鬧登場之際，當時暢銷的又是什麼樣的帽子呢？根據《時好》一九〇七年五月號刊登的紫生報導〈今夏最流行的帽子〉所述，「身著晨禮服的帥氣紳士」來到三越吳服店，詢問掌櫃：「現在流行什麼樣的帽子？」掌櫃對頭戴麥稈帽的紳士表示「居冠的是巴拿馬帽」，「參加較為高級的園遊會」時，賓客的帽子「七成是巴拿馬帽，三成是麥稈帽」，因此向紳士推薦巴拿馬帽。只不過麥稈帽只要三圓，巴拿馬帽的售價卻超過十圓，且同樣都是巴拿馬帽，還分成稱為「正巴拿馬」的最高級舶來品，以及模仿正巴拿馬帽的「林投葉巴拿馬帽」與「台灣製巴拿馬帽」。小說〈失戀大雜院〉雖然早這篇報導兩年刊登，不過石橋思案筆下的男主角森林喜代男手上拿的也是巴拿馬帽。

一九〇七年三月的「東京三越吳服店賣場導覽圖」中尚未出現，但七個月之後，三越吳服店就成立了洋鞋部門。同年十月號的《時好》刊登了照片，並註明「本店於十月一日開幕的洋鞋部門」，同一期的雜誌還登載了筆名果園的人執筆的〈鞋一代記〉，將鞋子分為男鞋、女鞋、童鞋加以解說。當時所銷售的男鞋共有二十五種、女鞋十三種，童鞋不過五種，且無論男鞋或女鞋，流行的都是「綁帶長靴」、「長橡膠靴」與「短橡膠靴」。文中也提到鞋子的尺寸最好是交由三越來測量，不住在東京的客戶要是不方便，也可以用鉛筆把自己的腳型描在紙上，再量好腳尖的寬度等三越要求的幾個部位的尺寸，接著決定想要的鞋款、皮革顏色與價格，向三越訂購，日後便會收到商品。

三越吳服店的洋鞋部門（《時好》，1907年10月號）。

三越推出洋鞋部門是由於紳士服逐漸普及，洋鞋的需求日益高漲，而且男鞋的種類是女鞋的兩倍，應該是因為女性服裝尚未西化。一九〇七年三月三日，《東京朝日新聞》刊登了一篇有趣的報導，標題是「孤兒的新職業（三越擦鞋匠）」，顯示了當時洋鞋普及的情況，文中提到「三越吳

「環球旅行團」一行人在格蘭特將軍墓園拍攝紀念照（石川周行，《環球旅行畫報》，1908年9月，東京朝日新聞公司）。

服店推出在店門口擦鞋的服務，雇用東京孤兒院的孤兒，擦鞋費用為一人兩錢，收入悉數捐贈孤兒院」。兩週後的三月二十日正逢東京勸業博覽會開幕，穿上洋鞋出門的人想必也隨之增加。

關於鞋子還有一則有趣的故事。朝日新聞社舉辦的「環球旅行團」在一九〇八年三月十八日從橫濱港出發，將先前往美國西岸，橫跨美國之後，再從東岸搭乘北大西洋航線前往歐洲，最後搭乘西伯利亞鐵路回到日本。當時旅客一共五十六人，預計費時九十六天，出發前兩個月，《東京朝日新聞》於一月二十日報導〈致贈三越鞋「世界號」〉，提到三越贈送所有參加環球旅行的會員名為「世界號」的新鞋子。上圖是一行人在紐約造訪格蘭特（Ulysses S. Grant）將軍墓園時拍攝的紀念照（石川周行，《環球旅行畫報》，同年九月，東京朝日新聞公司），最前排的男子有些盤腿、有些伸長腿，他們腳上的鞋子應該多半是三越製造的商品。

16 聆賞音樂、相親、擺脫家事的束縛——休息室與餐廳

不過當時民眾造訪三越吳服店不見得都是為了購物。一九〇六年三月三日，《讀賣新聞》報導了德國文學家登張竹風夫人的故事：「自我發展主義文學家登張竹風最近一如往常外出積極發展。夫人心知又得長時間看家，於是打著呵欠等待丈夫回家，卻不知想到了什麼，突然從櫃子抽屜取出錢包，急急忙忙搭上人力車前往三越吳服店，用大包巾包了許多布料回家。」（〈流言〉）登張回到家發現大包巾，質問妻子是誰送來這麼多布料，妻子只微微一笑說道：「你總是外出發展不在家，於是我看家時也學你稍微發展了一下罷了。」

消費者購物的動機五花八門，三越吳服店便也嘗試增加「小博覽會」的機能，倘若能提供顧客娛樂的場所，那麼大家應該就會更想走進三越了吧。作家佐倉桃子發表的〈花子小姐的三越觀〉（《日本的三越——紀念大阪分店開幕》，一九〇七年五月，三越吳服店）主角花子是個孩子，她遵照母親的教導在駿河町下車，走進了三越，保管鞋子的員工雖然覺得小孩一個人搭電車來很奇怪，但仍把保管鞋子的牌子交給花子。她走入店中，映入眼簾的是大量的東京勸業博覽會紀念品，然而最吸引她目光的還是賣場的商品。「襯領、方綢巾、錢包

與和服腰帶飾品」等，眼前盡是令人心動的商品，只不過碎布賣場人潮洶湧，她沒有勇氣推開人群走進去，而且她到三越的目的是「參觀」，並沒有那麼多錢購物。

花子走上二樓，聽到從「迎賓室」（休息室）傳來的琴聲，房間裡人山人海，大家都陶醉於美妙的鋼琴樂聲。花子想到姊姊經常以日本箏彈奏名為《六段》的曲子，但鋼琴的樂曲在她聽來更加「乾淨俐落」，且演奏鋼琴的是身穿緹花紡綢的「千金小姐」，「指如春蔥」地在鍵盤上起落。坐在椅子上聆聽演奏時，還有「美麗的女孩」端來茶水，告訴她「那邊有點心，敬請享用，無須客氣」。演奏結束後，花子望向窗戶，發現花園裡有茶室，於是走向茶室，看見了兩名男性，對方告訴她這間茶室叫作「空中庵」，以前亞瑟王子曾經在這裡體驗茶道。

三越的休息室是從什麼時候開始擺設鋼琴的呢？翻開一九〇五年九月號的《時好》，會發現〈時好彙報〉當中有一個項目是「休息室的鋼琴」，爬梳文獻則會發現儘管名稱並未統一，但「迎賓室」、「休息室」與「休憩室」指的都是同一個空間。有報導記述「因應日比谷原頭音樂堂落成，陸軍戶山學校音樂隊與海軍軍樂隊的樂手隔週演奏西洋名曲，聆聽西洋音樂的興趣逐漸在東京居民之間普及。敝店也自七月下旬在樓上的休息室準備鋼琴與小提琴等樂器」，而設置鋼琴的正確時間是七月二十日。文中還提到「可惜的是比起外國人，我國婦女彈奏鋼琴的比例實在極低」，由此看來，一般訪客也能自由演奏。

店員丁稚久松的〈店內日記〉（《時好》，一九〇七年十月號）是以三越店員的身分記錄每一天的情況。他在九月十九日的日記提到三越舉辦了西洋樂器的演奏會，地點在二樓賣場中央，因為寫到「今天也有演奏會」，代表這已經不是第一次舉辦了。負責演奏比「上野的音樂學校」更好的「大管風琴」的是天野愛子，在一旁演奏小提琴的是北村季晴與初子夫妻，愛子則是初子的妹妹，這三位都是職業演奏家。北村季晴於一九〇五年擔任三越音樂部主任，四年後還成立了北村音樂協會，夫妻倆在音樂工作上最為人所知的成果是製作歌劇《桃太郎》，曾於一九一二年在歌舞伎座上演。由於是「高手雲集的合奏」，因此許多顧客都來到演奏家身邊，沉醉於美妙的旋律當中。

三越的休息室當時不僅提供茶水與演奏來招待顧客，也是相親的場地。

走進三越休息室，憶起兩人相親日。（苦樂亭迷內）

今日又來到三越，新人準備新生活。（思案外史）

前者刊登於一九〇八年一月號《時好》的〈情歌〉（都都逸[7]）投稿欄，屬於讀者投

7 一種口語詩，多以戀愛為主題。

書，也就是顧客的投稿，內容吟詠婚後夫妻倆回憶起過去在休息室相親的往事；後者則是評審石橋思案的詩句，並未直接提到休息室，而是吟詠決定結婚之後，兩人前往三越購物，為未來的新婚生活做準備。

文豪幸田露伴的老師——小說家神谷鶴伴在〈休息室相親〉（《時好》，一九〇七年七月號）中如是描述在休息室相親的光景：主角「小女子」說服自己「所謂的相親不過是稍微瞥見對方的長相，不會交談也無法得知對方個性，想想實在是十分愚蠢的行為。然而這是一般社會的規矩，不得不做」，於是與母親一同前往三越。抵達時，媒人夫妻已經在二樓的休息室等待，但是男方尚未出現。約在三越相親的好處是能在店裡挑選婚禮時的衣物，她逛了一圈回到休息室，相親也圓滿結束。但「小女子」過於害羞，無法直視對方的容貌與打扮，回家之後，母親問她相親的感想，她只表示「無論何事皆應聽從父親與母親的吩咐，一切交由父母決定」，明確呈現當時的婚姻並不是小倆口個人的事，而是兩個家庭的大事。

三越吳服店不僅是相親的場所，也是採購婚禮用品的地點。森茂子（原姓荒木）與文豪森鷗外於一九〇二年一月結婚，後來她在小說〈徒有其表〉（《昴》，一九一〇年一月）寫道：「富子訂婚後，三越、幸手屋、黑江屋與銀座的玉屋等店家的掌櫃輪番來到家中，她不再上學，而是請來日本箏、花道與茶道的師傅學習才藝，在練習的空檔，忙著準備嫁妝。」鷗外的小說〈神奇的鏡子〉（《文章世界》，一九一二年一月）則提到妻子說：「有很多要送人的禮物，婚禮的賀禮共三個。三越的真絲一個十一圓，三個共三十三圓。」森鷗外與茂子夫妻不僅婚前在三越購買新婚生活需要的用品，婚後也在三越購買祝賀他人結婚的禮物。

佐倉桃子在前述〈花子小姐的三越觀〉中，寫道主角花子參觀休息室與空中庵之後，走進以前和母親一起來時還沒有設立的餐廳，看到有些人正品嘗壽司，有些人和朋友談笑，一邊喝茶、吃點心。此時，她突然聽到有人叫喚自己：「花子，妳是一個人來嗎？」回頭一看，原來是朋友雪枝與她的母親。於是三人一起往上走，來到「鎮上最高的庭園」——空中花園。左下圖便是從空中花園遠眺東京的景色，眼前左方是三井物產的紅磚樓，除此之外一

上：身著和服的森茂子與穿著洋裝的長女森茉莉（《照片》，1911年9月15日）。
下：從空中花園遠眺的景色。（《日本的三越——紀念大阪分店開幕》，1907年5月，三越吳服店）。

三越呉服店的餐廳（《東京與博覽會》，1907年3月，《時好》臨時增刊）。

望無際，沒有任何遮蔽物，正面遠方隱約可見上野，右方略高的建築物則是博文館，見狀，花子感嘆：「東京全景一目了然，當真是難以筆墨形容。」

對於承擔大量家事的女性而言，在三越的餐廳開幕之前，去那裡購物其實並不是很方便。篠田生就在〈向三越吳服店提出要求〉（《時好》，一九〇六年十一月號）一文中，提到三越吳服店附近缺乏像日比谷公園的松本樓和三橋亭等歡迎女性與兒童的餐廳。站在主婦的角度，小孩通常下午三點放學回家，因此她們往往得趕在小孩放學前回到家，要是下午才出門，就沒有充裕的時間購物。唯一的解決辦法是早點吃完午餐出門，要是三越有餐廳，主婦們就可以在十點左右出門，到餐廳享用午餐後，悠閒地在店裡挑選商品。此外假日購物時雖然能帶著小孩一起出門，但是孩子總是一下子就覺得無聊了。文章標題所謂的「要求」，意指希望三越設立餐廳，否則女性就無法暫時擺脫家事，在家以外的地方稍事休息。

三越的餐廳在一九〇七年四月一日開幕，《讀賣新聞》於隔天的報導〈昨日三越吳服店銷售情況〉提到，儘管天公不作美，三越的新設計展示會與特價布料特賣會到下午三點為止仍有一萬八千五百人入場，且餐廳也在這天開業，從上午十點開始便經常座無虛席。右圖收錄於《東京與博覽會》（《時好》臨時增刊，一九〇七年三月）一書，記錄了三越餐廳的景況——桌上鋪著白色桌巾，女店員身著白色圍裙，照片中可以看到九位男性客人，其中至少有七人穿著西裝。

不過三越的餐廳開幕沒多久，浮世繪畫師兼插畫家武內桂舟就在這裡鬧了個大笑話。八月的某一天上午，他和妻子一同走進了餐廳，根據〈桂舟畫家的霸王餐事件〉（《東京朝日新聞》，一九〇七年八月十四日）報導，當時桌上擺滿妻子點的餐，武內「一邊嘟囔」一邊拿起筷子，這時候正巧遇上熟人，於是「坐得久了些」。他在餐廳待得久並不是問題，問題是傍晚回到家時，弟子拿來一張明信片，寄信人是三越餐點部，寫道「聽人說消費的是您，於是寄呈明信片提醒，我們尚未收到餐點的費用」。武內一看，臉色一陣紅一陣白，對妻子發脾氣：「為什麼妳沒付錢？」妻子卻回覆：「回家的時候，不是你拿著錢包嗎？」結果武內的「錢包」裡只裝了收到的名片，他於是馬上向三越道歉，將餐費連同「祝賀開幕的小費」一併附上。

17 文藝復興風格的三層樓臨時門市與都市景觀

三越吳服店立志成為媲美西方的百貨公司，想將銷售品項從吳服店的絹質與棉麻布料擴大到百貨公司的百貨，但是土藏式的兩層樓店鋪空間並不足以因應這樣的目標。而一九〇六年，東京市開始推動大規模的都市更新計畫，成立臨時市區改正局，利用外債取得七百多萬圓預算，〈都市更新事業進展〉（《東京朝日新聞》，一九〇七年十二月二十八日）一文報導，當時九成以上的土地與建築物已經處理完畢，從京橋到神田須田町的大馬路兩側，老舊建築物都依序拆除。松屋吳服店與帝國儲蓄銀行等數十棟建築也早已脫胎換骨，展現新姿態，三越與丸善大樓不久也將落成。

當時京橋到萬世橋之間的道路預定拓寬至十．九公尺，三越吳服店所在地也是一樣，董事會同意市區改正局估算地上物件轉移費用為八萬多圓。在東京朝日新聞報導刊登的兩個月之前，《時好》一九〇七年十月號的〈臨時門市上梁典禮〉便提到三越之前已感到空間狹窄與設備不足，決定趁都市更新之際改建。但是設計、興建真正的百貨公司需要很長的時間準備，因此三越買下北側的住宅以確保屆時建地面積充足，又花費三十多萬圓建設臨時門市，上梁典禮就安排在十月十六日。

此時距離百貨公司宣言已經過了三年，到了一九〇七年底，三越吳服店的業務部門已一點一滴變更為百貨公司的型態。日比翁助在〈年初致詞〉（《時好》，一九〇八年一月號）中介紹了以下七個業務部門：①吳服部，是「傳承數百年」的傳統部門，也是三越的中樞，不同於以往的是現今的吳服部會創造「新流行」；②西服部，是「現代的趨勢」，因此於前年再次成立西服部；③雜貨部，商品品項最多，分為「和服配件」、「西服配件」、「提袋」、「化妝品」、「日用品」、「帽子」、「鞋子」、「行李箱」、「日式鞋襪」、「洋傘」、「玩具」等，各有其負責的員工。商品由採購人員親自前往歐洲採購，因此備受矚目，生意興隆；④家具部，備有適合「西式房間」的所有室內飾品，也接受針對西方人的和服訂單；⑤新美術部，上個月甫成立，負責展示藝術品與裱框；⑥服裝部，負責出租舞台服裝；⑦攝影部，使用來自歐洲的最新器材攝影，攝影棚也會出租衣物，以便顧客使用。

三越吳服店的店員當時便忙著準備臨時門市的銷售業務，並配合開幕典禮，企劃第十五次新設計展示會。〈三越新設計展示會〉（《讀賣新聞》，一九〇八年二月五日）報導這次的展示會不同於以往，擴大了規模，旨在「促進國家產業發展」，採用「等同於博覽會的機制」，邀請各地染織業者參展，主要產地由幹部親自前往邀請當地業者。例如常務取締役藤村喜七便親自造訪栃木縣與群馬縣，採購係長山岡才次郎則前往八王子與埼玉縣，其他管理

臨時門市的外觀（《大三越歷史照片帖》，1932年11月，大三越歷史照片帖刊行會）。

階層也先後拜訪山形縣、新潟縣、名古屋、京都，甚至遠達九州，各個產地業者還舉辦盛大的歡迎會，紛紛答應參展。

文藝復興風格的三層樓臨時門市在一九〇八年三月十五日落成，四月一日開幕，上圖出自《大三越歷史照片帖》（一九三二年十一月，大三越歷史照片帖刊行會），記錄了臨時門市的外觀。其占地五百六十三坪，賣場面積五百九十五坪，《東京朝日新聞》在開幕當天刊登了〈三越的臨時門市〉一文，記者提及印象特別深刻的是哥德式的貴賓室、路易十五世風格的二樓休息室、三樓天花板鑲嵌了巨大彩繪玻璃的「天窗」，以及室內裝潢與三越設計的日本駐巴黎大使館相同的竹之間。店鋪外設有櫥窗，面對駿河町通的櫥窗寬三十八・二公尺，面對橫通處則寬十二・七公尺，引人矚目，且店裡的設備已經很接近「外國的大型商店」。

左頁的三張明信片，是三越在開店當時為「紀念三越吳服店臨時門市新建」而送給來光顧的客人的。左上角明信片上寫的是「三越前身，文化年間的三井吳服店臨時門市」，其實

1908年4月的「紀念三越吳服店臨時門市新建」。左上：明信片①「文化年間的三井吳服店」（其實是越後屋）；右上：明信片②「三越吳服店舊門市」；下：明信片③「新建的三越臨時門市」。

就是指越後屋，當時沒有貨架，店員得應顧客的要求，把商品從倉庫搬出來，也還看得到腰上佩刀的武士身影；右上角的明信片註明是「三越吳服店舊門市」與「三越凱旋門」；下方的明信片則是「新建的三越臨時門市」。客人要是收到這三張明信片，想必會心生滄海桑田的感慨吧！這同時也是三越從吳服店轉型為百貨公司的歷程證明。

至於臨時門市的賣場與休息室又是安排在哪裡呢？《大三越歷史照片帖》中便刊登了一到三樓的平面圖，由於這個臨時門市經常成為文學作品的舞台，因此藉由觀察平面圖，也能融入作品的情節。小說家三宅花圃的〈參觀三越〉（《三越》，一九一一年四月號）開頭如下：「提到三越吳服店，舉辦特賣時，會擠滿欣喜若狂的婦女，平日也是老老少少放鬆心情的去處。雖然沒什麼特別的事情，但我想著得準備禮物給住得有點遠的親戚，於是帶著長女前往三越。走進店裡，右手邊堆滿了燒毛紗布等商品，故先往右邊走去。」「燒毛紗布」是使用燒毛紗所織成的棉布，而「燒毛紗」的加工方式是將紗線快速通過瓦斯火焰，燒去表面細毛以增添光澤。一樓平面圖中央下方是「入口」，入口處右側是「棉織品」賣場，右後方則是「碎布室」。左下圖「碎布與特賣布料室門庭若市」（《時好》，一九〇八年四月號）顯見女性顧客人山人海，圖中左後方的柱子上還貼了海報，宣布從三月開始販賣三越面紗。

「我」在店裡四處觀看和服布料等商品後，與女兒一同走進餐廳休息，結果松居松葉來到餐廳打招呼：「竹之間目前正在展示新玩具，要不要瞧瞧呢？都是坪井博士收集來的。」

對照三樓的平面圖，亦標示出右上方是「餐廳」，左下方是「竹之間」。「我」看了一會兒「玩具」之後，換成嚴谷小波與日比翁助來打招呼，離開「竹之間」時又遇上松居搭話：「店裡正在演奏有趣的音樂，要不要來聽聽呢？」二樓的平面圖標示走上中央的樓梯會抵達「音樂室」。音樂室裡有平台式鋼琴，後方的牆面則做成弧形，提升音響效果。在聆聽音樂的人群當中有教育家高島平三郎的身影，演奏結束後，日比翁助還向演奏家點歌，表示想聽貝多芬的奏鳴曲。

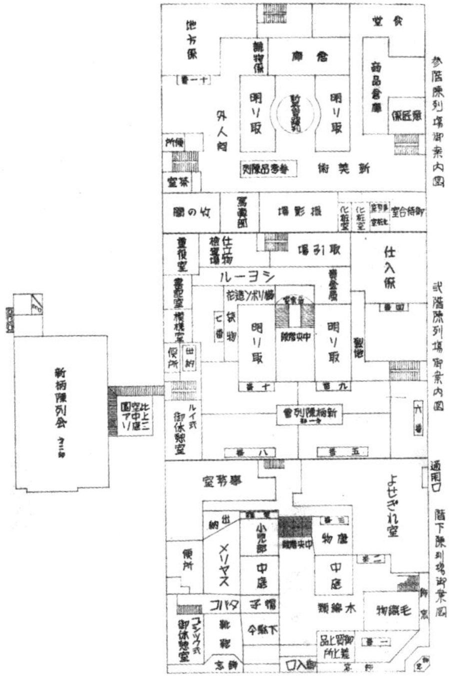

上：臨時門市的一到三樓平面圖（《大三越歷史照片帖》，1932年11月，大三越歷史照片帖刊行會）。
下：《時好》1908年4月號刊登的照片「碎布與特賣布料室門庭若市」。

迎賓室「竹之間」（《大三越歷史照片帖》，1932年11月，大三越歷史照片帖刊行會）。

小說家近松秋江在一九〇八年九月一日發表的散文〈致正宗〉（《文壇閒話》，一九一〇年三月，光華書房）中，記述他到讀賣新聞社拜訪記者兼作家正宗白鳥，順道去了丸善書店，接著走進「三越吳服店的黃金世界」的體驗。兩人穿戴著鼠灰色浴衣和兵兒帶，「有點邋遢」地踏進三越，儘管保管鞋子的職員一副「你們走錯地方了」的表情，他們卻絲毫不以為意，大步邁進。正宗來到三越也不禁感嘆道：「原來如此，難怪婦女小孩為之瘋狂。」當時三樓展示著「繪畫與陶瓷類藝術品」，檢視平面圖，中央有兩個「對外窗」的展間正是「展示新藝術品」的地方。看到三越竟然有展示「新藝術」的空間，原本就由於溽暑而熱得頭暈腦脹的「我」，更因為其「黃金之力」深受「打擊」。

森茂子的短篇小說〈Cicerone〉（《三越》，一九一一年四月號）也是以三越的臨時門市為舞台，「Cicerone」意指名勝古蹟的導遊。小說中寫道丈夫抽菸時，菸灰把妻子的袖子燒破了，兩人於是前往三越購買新和服，一如妻子所言，「心情不甚好時，來到三越馬上就舒暢了」，在三越即便不購物，光是閒逛瞧瞧也很有意思。妻子向自國外返鄉的丈夫介紹「三越」這個東京的新名勝，三樓除了彩繪玻璃與「新藝術」的區域，還有茶室、餐廳與攝影棚，她對丈夫說明：「這旁邊是名為『竹之間』的迎賓室，光是買東西乾脆俐落可是進不去的。」

始於一九〇六年的都市更新計畫，使日本橋與京橋一帶的景色隨之一變，不僅道路拓寬，還建設了自來水道。人類學家前田不二三在〈商店研究（一）〉（《東京朝日新聞》），一九〇九年一月二十二日）中指出，「持續觀察改建的商店，會發現建築皆為歐美風格，與過去的日本商店迥然不同」。過往的日本商店入口處都掛有門簾、遮陽簾或擋風簾，走進店裡是陰暗的寬敞空間，掌櫃與店員坐在入口對面，四周堆著裝有商品的盒子。都市更新之際會拆除老舊的建築重新建設，建物外觀與室內空間都出現了大幅變化，前田形容這些建築是「博覽會與勸工場的綜合體」，三越吳服店隨著都市更新，由土藏式兩層樓建築改建為文藝復興風格的三層樓建築，正是這類典型。

18 家庭相簿——一小時照片／彩色照片／輪轉印刷照片

促使三越吳服店脫胎換骨的要素之一——攝影部成立於一九〇七年四月一日。《讀賣新聞》於同年四月十二日的報導〈新郎新娘的攝影棚（三越吳服店的新攝影部）〉中，提到攝影部除了攝影棚，還有化妝室，拍攝費用與「一般相館」無異，不同的是拍攝時能免費租借衣物。三越畢竟是吳服店，提供的服裝種類廣泛，報導提到「除了元祿風格等傳統服飾，還有中國、朝鮮的服裝，和扮裝用的衣物與歌舞伎服裝」。「婚禮」是兩人建立家庭的第一個典禮，也是家庭相簿的起點，當然，不分身分、不論目的，任何人都能來拍照。實際上，在讀賣新聞來採訪的前一天，農業大臣松岡與商工局長森田就已經來拍過照了。

駿河町三越，顧客紛登門，購衣又飽食，攝影棚留影。（劍珍坊）

三越攝影部，看見小倆口，兩人同合影，相簿又添頁。（桃仙坊）

前者在一九〇八年一月號《時好》〈川柳〉欄獲選頭獎，描述客人來到三越吳服店買衣服、進餐廳吃午飯，然後在攝影部留下紀念照。對於立志轉型成為百貨公司的三越而言，看到這句川柳想必非常高興吧。後者則收錄於一九〇九年十月二十二日《讀賣新聞》所刊登的〈第四十二屆讀賣川柳會〉，描寫兩人婚後大概是為了紀念日來拍照，令家庭相簿又添了新的一頁。蕉雨生在〈照片的故事（二）〉（《時好》，一九〇七年）中提及，三越的化妝室裡有鏡子、香水、肥皂、白粉、化妝品與理髮工具，提供顧客自由使用，但也同時提醒讀者白粉塗多了，五官會顯得模糊；口紅塗多了，嘴唇反而會顯黑。

當時一般人還沒有相機，無法自由拍攝感興趣的人事物，因此所謂的家庭相簿，收藏的多是在三越攝影部與照相館所拍攝的紀念照，或是參加活動與旅行時購買的明信片。三越攝影部技師長柴田常吉在〈秋季最適合攝影〉（《三越時刊》，一九〇九年九月號）中提到，近年來，社會大眾對攝影的興趣日漸高漲，可說是「攝影界革新」的時代，「嚴肅認真、有禮端正」的照片在大家看來已經過於單調，拍照的姿勢也出現了變化。〈開始銷售東都美女明信片——攝影部的新活動〉（《三越時刊》，一九一〇年四月號）一文則表示過往的「明信片風潮」已經退燒，大家不再收集明信片、製作相簿，許多明信片商店因而倒閉。明信片熱潮降溫的其中一項原因，是市面上出現大量粗製濫造的明信片，三越因此推出「美人明信片」，由柴田負責攝影與印刷，並且使用「最新進口」的紙張。

至於紀念照則在一九一〇年代前期出現一百八十度轉變。第一種變化是「一小時照片」

巖谷小波的一小時照片（《三越》，1911年9月號）。

問世，降低了民眾拍照的門檻。《三越》一九一一年八月號的報導〈推出一小時照片——破天荒的速成照片〉中介紹了「一小時照片」是指從拍照、顯影、印相到交給顧客，所有工時合計僅一小時，在歐洲，若是委託知名的「攝影師」在郊外的工房處理後再郵寄給顧客，約莫費時一週。而如果只有一兩位顧客，三越攝影部通常也能在一小時後交件，但客人一多便無法快速交件，於是進口了新型機器來解決這個問題，顧客拍照後就先去逛街，買完東西後恰好照片也洗好了。要是想將照片寄給遠方的親朋好友，在明信片大小的照片背後寫上地址與留言，貼上郵票，便能投進店裡的郵箱。

右圖收錄於一九一一年九月號的《三越》，影中人是巖谷小波，他在拍照一小時後領取照片，寄給了當時人在箱根的日比翁助。同一期雜誌刊登的報導〈一小時照片大受好評〉便提到一小時照片的服務始於八月一日，當天利用這項服務的顧客多達數十組，他們和巖谷一樣，趁著購物空檔回到攝影部，提筆寫下近況或是在三越拍攝一事，寄給親朋好友。曾有朝鮮牧師觀光團一行共三十五人前來拍照，即便人數眾多，三越依舊能提供空間拍攝團體紀念照，並在一小時後交件。

只是不見得所有人都會選擇拍攝一小時照片。柴田常吉在〈使用一小時照片〉（《三越》，一九一二年五月號）中便提到，許多消費者會期待攝影師發揮「高超技術」，因此傾向選擇一般的攝影方式，例如拍攝相親照的話，講究成果勝於時間，便會選擇一般的攝影方式。儘管如此，一小時照片還是在一個月內賣出了超過四百組，需求主要集中在從外地來到東京的民眾，他們想讓故鄉的親朋好友瞧瞧自己「健健康康的樣子」，於是來到攝影部拍照。另外到了報考官公立學校的季節，學生也會紛紛前來拍照，好把照片貼在報名表上，而且之後辦理入學手續時也會需要繳交照片。除此之外，更有每個月來拍一小時照片好幾次的「常客」。

一小時照片推出兩個月之後，也就是一九一一年十月一日，三越又推出瞬間攝影的彩色照片。同年十月號的《三越》刊登了行銷廣告宣稱：「過往的奧托克羅姆（Autochrome Lumière）彩色照片顯像技術需時三分鐘，拍照的人必須靜止不動，十分辛苦。本店技師利用一大發明，瞬間便能拍下原本的顏色，得以記錄真實的人物景色，萬無缺失。」彩色照片不受天氣影響，一小時便能顯影印相，雖然不是全新發明，但這樣的瞬間攝影的厲害之處，就在於「剎那間」即可結束。同一期雜誌刊登的另一篇報導〈推出彩色照片〉則強調「想要將真實的『自己』流傳後世，必定需要這種攝影方式」，這是構成「我」這個個人故事的嶄新片段，為家庭相簿增添了前所未有的真實色彩。

隔年一九一二年八月一日，三越再推出輪轉印刷照片。〈推出輪轉印刷照片——以及運用水中屏風〉（《三越》，同年八月號）中，讚賞輪轉印刷照片「是新穎的發明，使用一片感光版便能立刻印出八百張以上的照片」，根據該雜誌刊登的照片可知，這是在長長的紙上印了許多相同的照片。輪轉印刷照片的方便之處是運用在眾人群聚的典禮、宴會與園遊會等場合，大家先集合拍照，等到要回家時便能帶走方才拍攝的團體紀念照。只不過拍照後當然需要把底片送回三越顯影、印相，加上往返會場的時間，通常需要幾個小時。在這期雜誌發行前一個月的七月十九日，三越接受日本橋區委託，印製了一千兩百張照片送給新大橋落成典禮的出席人士，大受好評。至於文章副標題中的「水中屏風」，指的是玻璃做的背景，能讓人雖然在攝影棚，拍起來的效果卻像是站在淺灘上。

一小時照片問世的一年四個月後，也就是一九一二年十二月七日，三越攝影部又推出了一分鐘照片。左下圖《三越》一九一三年一月號的廣告顯示一分鐘照片分為兩種，右邊是立框式，左邊是獎牌式，照片會鑲在金屬製的圓形相框裡。〈一分鐘照片廣受好評〉（《三越》，同年一月號）中介紹這樣的照片是以進口的機器拍攝，尺寸比一般照片小，鮮明的程度卻不相上下。只需一分鐘就能收到相片，這項服務因此大受好評，推出當天就有兩百二十名顧客上門，由於賓客盈門，材料一下子就用光了，所幸又收到了向國外追加下單的材料。

雖然照片裝進相框裡就無法收在家庭相簿中，卻能放在桌上或架子上，輕輕鬆鬆為生活空間增添個人畫像。

一分鐘照片在當時蔚為話題，各家報社也爭相報導，例如一九一二年十二月七日，《讀賣新聞》的報導標題便是〈一分鐘拍照〉，指出一分鐘照片在歐美大為風行，三越的技師兼攝影部主任泉谷氏一數天前才從柏林塔波公司（Talbot）買來機器與材料。只要拍照後按下機器的按鈕，感光版掉進顯像液箱中，約莫二十到三十秒便能完成顯像。根據〈德國最新流行的照片〉（《三越》，同年十一月號）一文報導，泉谷在七月下旬與妻子一同前往柏林，距離上次拜訪已經過了六年半，在考察柏林攝影界與電影界的現況時發現了一分鐘照片，於是把機器帶回日本。

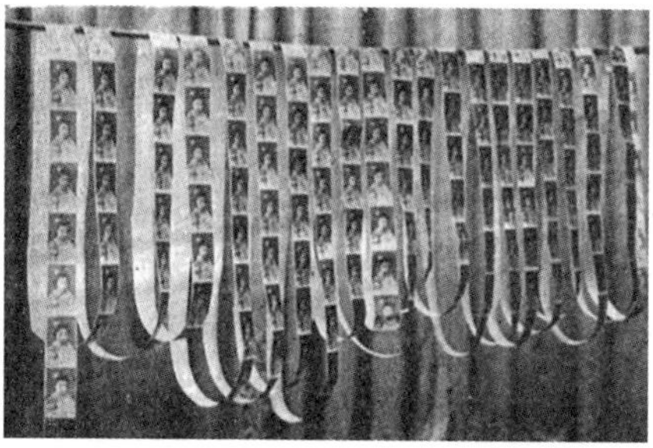

上：輪轉印刷照片（《三越》，1912年8月號）。
下：一分鐘照片的廣告（《三越》，1913年1月號）。

對於日本的家庭相簿來說，最劃時代的革新或許是一九一三年八月三越開始販賣相機。〈照相機與進口鞋開賣〉（《三越》，同年九月號）一文報導，相機銷售部為業餘攝影師引進了美國伊士曼公司（Eastman）、德國哥茲公司（C.P Goerz）與福倫達公司（Voigtlander）的相機。部分相機——如伊士曼公司推出的柯達（Kodak）相機——體積小到可以放進口袋，至於腳架等配件，提供的是攝影部實際覺得好用的商品，顯影劑與混合鍍層液則由三越獨自調製販賣。同時三越也舉辦攝影比賽，所需的相關用品同樣一應俱全。要是人人都能擁有自己的相機，拍攝喜歡的對象，自行在壁櫥裡的暗室顯像，那麼家庭相簿的存在便會大幅改觀，不同於紀念照與明信片，家庭的歷史與回憶將會透過相機記錄在相紙上，得以反覆翻閱回顧。

19　三越少年音樂隊與都市空間中的西洋音樂

一九〇〇年代，西洋音樂是如何存在於日本的都市空間呢？一八七一年，日本制定陸軍與海軍制度，成立了軍樂隊；東京音樂學校於一八九〇年開課，教導西洋音樂，山田耕筰與瀧廉太郎等作曲家輩出，但是一直要等到一九二六年，才出現第二次世界大戰前唯一長期活動的新交響樂團；帝國劇場則是在一九一二年聘請喬瓦尼・維托里奧・羅西（Giovanni Vittorio Rosi）擔任歌劇部的教師——然而早在三年前的一九〇九年二月十六日，三越吳服店就已經成立三越少年音樂隊。

三越少年音樂隊首次登台演奏是在一九〇九年四月一日開幕的第一屆兒童博覽會上，當時服飾館的二樓設有音樂堂，少年音樂隊就在此表演了雄壯威武的進行曲和歌曲。《讀賣新聞》四月三日的報導〈三越主辦的兒童博覽會〉中介紹「奇裝異服的少年樂隊鼓起臉頰，吹奏樂器。身著蘇格蘭裙和外套，頭上斜戴羽毛帽子，腿上是紅褐色的窄管褲子，披掛在肩上的裝飾有長毛，還有提包等都令人耳目一新」。由下頁《大三越歷史照片帖》（一九三二年十一月，大三越歷史照片帖刊行會）所收錄的照片可見，少年穿著蘇格蘭傳統服飾——

也就是多種顏色的羊毛所織成的蘇格蘭裙，頭戴羽毛帽，看在眾多觀眾眼裡顯然是「奇裝異服」，比起演奏，少年音樂隊的服飾在眾人心中更是留下深刻印象。

三越少年音樂隊不僅在三越吳服店主辦的活動上表演，《三越時刊》一九一〇年十月號也刊登過推銷少年音樂隊的廣告：「三越少年音樂隊既熟練又認真學習，足以演奏嶄新樂譜。婚喪喜慶等各種場合皆能應對，歡迎洽詢。」關於演奏的場合，具體來說包括運動會、園遊會、同學會與相關娛樂表演，主要活動場合是都市空間中的各種場景。右下圖廣告中的

上：三越少年音樂隊身著蘇格蘭傳統服飾（《大三越歷史照片帖》，1932年11月，大三越歷史照片帖刊行會）。
下：《三越時刊》1909年10月號刊登的三越少年音樂隊廣告。

少年身著夏天制服，不同於看來溫暖的羊毛蘇格蘭裙，白色長褲營造出了涼爽的氛圍。

例如一九一〇年十月十六日，少年音樂隊前往越中島為陸軍糧秣工廠舉辦的牛魂祭演奏。〈熱鬧非凡的牛魂祭〉（《東京朝日新聞》，同年十月十七日）一文報導糧秣工廠負責製造罐頭，日俄戰爭期間每天屠宰一百二十到一百三十頭牛，平時也每天屠宰二十八、九頭牛，因此提供牛隻的神戶與廣島商人便企劃這場牛魂祭，祭拜遭到屠殺的牛隻。祭壇上方是寫著「牛魂碑」的木牌，由神官誦念悼詞、廠長等人祭拜，儀式期間三越少年音樂隊則持續演奏。

〈三越到後樂園〉（《東京朝日新聞》，一九一〇年十一月二日）中報導同年十一月一日，朝鮮貴族團造訪三越吳服店。李址鎔夫人等共四十多人首先進入三樓餐廳，接受茶點招待，並拍攝紀念照，接著前往賣場，購買時鐘、戒指、緞子與紡綢等商品，合計兩千圓。結束購物之後，又欣賞三越少年音樂隊演奏，再出發前往小石川後樂園參加午宴。《東京朝日新聞》當天還刊登了另一則篇幅很短的報導〈慶應義塾同學會〉，文中提到這場同學會於六日舉行，地點是位於廣尾的福澤家別墅，三越少年音樂隊受邀前往表演，其他表演團體還有丸一的太神樂、薩摩琵琶，以及坂東一鶴劇團表演的兒童劇，連同三越少年音樂隊在內都屬於當天的餘興節目。

在三越吳服店店內與外地累積多次經驗後，三越少年音樂隊的演奏技巧大幅提升，在第一次登台演奏一年半之後，三越請來東京音樂學校畢業的小林禮擔任教師，從一九一〇年十月開始指導他們。小林禮是拉斐爾・馮・庫柏（Raphael von Koeber）的弟子，庫柏在東京帝國大學教導哲學，同時在東京音樂學校指導鋼琴。〈三越少年音樂隊第一次試演會〉（《三越》，一九一一年十月號）提到，在小林的指導之下，少年音樂隊一年來在鋼琴演奏與歌唱方面有了「長足的進步」，得以在同年九月三日舉辦試演會，地點就在三越中央階梯下。海軍軍樂隊指揮赤崎彥二與小提琴家東儀哲三郎則建議其繼續練習管弦樂，使少年音樂隊擴展為管弦樂團的目標逐漸成真，不再只是夢想。

一九一一年十一月三日，三越吳服店在鎌倉舉辦了第三屆秋季店員慰勞會。松居駿河町人在〈少年音樂隊的歌劇〉（《三越》，同年十二月號）一文提到，豐泉益三於第一次的準備會議上便委託少年音樂隊表演餘興節目，少年音樂隊也隨即答應：「那就來表演歌劇吧！」但慰勞會的前一個月，帝國劇場才舉辦過日本第一場歌劇表演，松居平常本就刻意不讓少年音樂隊看舞台表演與電影，且大家學聲樂畢竟還不到一年，接受這項任務之後，他才覺得實在答應得太輕率了。不過他又受人委託，負責創作下一次在帝國劇場表演的歌劇歌曲，於是盤算著在少年音樂隊拿手的曲子之間加上這些歌曲，就省得另外作曲了。他請指揮久松鑛太郎推薦九名歌手，進行了確定位置與動作的帶妝彩排，據說最終的正式表演成果超出預期，博得滿堂彩。

一九一二年，三越少年音樂隊持續活躍，與之前略為不同的是還受邀參加了相撲力士西方優勝旗慶祝會。根據〈打氣的園遊會〉（《東京朝日新聞》，同年一月三十一日）一文可知，慶祝會辦在一月二十九日，地點是位於吾妻橋的札幌啤酒公司的庭園。當天會場入口有常陸山與西之海等力士迎接客人，池畔與樹木四周擺了十來個攤子，來自新橋、赤坂、下谷與柳橋的一百數十名藝妓負責販賣關東煮與溫酒。表演會場舉辦了各項活動，娛樂了約莫九百位來賓，而第一個表演的正是少年音樂隊。

這場慶祝會也邀請了明治大學與慶應義塾大學的學生，不論身分高低，大家都開懷笑鬧。相對於此，三越少年音樂隊也曾受邀參加莊嚴的活動。〈東宮臨幸大山邸〉（《東京朝日新聞》，一九一二年三月二十一日）一文報導，東宮殿下二十日從葉山別宮回到東京，巡幸位於青山的大山巖元帥府邸。他們中午在大山府邸餐廳用膳時，便是由三越少年音樂隊負責演奏，用餐後則到另一個房間聆聽演奏家須田綱義演奏薩摩琵琶，接著移駕到占地八千坪的庭院，欣賞開始凋零的櫻花與數百株玫瑰。

在小林禮等人指導下，三越少年音樂隊累積了兩年半管弦樂團的練習經驗，技術大幅提升，於是在一九一三年二月九日晚上舉辦公開演奏會。〈三越少年音樂隊管弦樂試演〉（《三越》，同年三月號）一文報導，當天招待了「對音樂有所涉獵的報社記者」與「專業音樂雜誌的記者」前來三越三樓的會場，曲目一共九首，以德國作曲家卡爾・泰克（Carl

Teike）的軍樂進行曲起頭，與會的多數專家「每聽完一首便拍手喝采，極為讚賞」。試演結束後，自第五屆兒童博覽會以來，三越少年音樂隊就都以管弦樂團的形式在大眾面前演奏。

演奏的水準提升，表演的場地也隨之改變，三越少年音樂隊不再是餘興表演的一部分，而舉辦起正式公演，〈三越少年音樂隊與東京市音樂〉（《三越》，一九一三年十一月號）所報導的演奏會便是其中一例。一九〇五年，日本第一個戶外音樂堂在日比谷公園設立，軍樂隊會在此定期演奏，是東京市民少數得以輕鬆欣賞西洋音樂的活動。一九一三年十月十九日，少年音樂隊也在這裡舉辦演奏會，由久松鑛太郎負責指揮，上半場演奏卡爾・泰克的《舊友進行曲》（*Alte Kameraden*）等六首曲子，下半場則始自朱塞佩・威爾第（Giuseppe Verdi）《阿依達》（*Aida*）的一節，演奏了六首曲子，這篇報導的結語是少年音樂隊「與社會建立關係」，令三越深感「光榮」。

一九一三年九月六日，《讀賣新聞》的報導〈帝劇管弦樂團員波動——歌劇團不受影響〉指出，小林愛雄、大塚淳、帝國劇場指揮竹內平吉與帝國劇場歌劇部主任塚田同一等人成立了東京歌劇團，預定於十月底在帝國劇場首次表演歌劇《瑪塔》（*Martha*），共為期五天。由於這場表演需要低音管與三角鐵等「輕盈」的樂器，單憑帝國劇場的管弦樂團員無法演奏這些樂器，因此其正與三越交涉，希望獲得三越少年音樂隊協助，報導最後強調，倘若雙方願意合作，必能組成不遜於西方的「大型管弦樂團」，上演「前所未有的盛大歌劇」。

20 電話銷售員／汽車／跑腿男孩

如前所述，三越吳服店不僅提供購物的樂趣，也是組成各類文化的場域。另一方面，有些消費者可能忙到無法前往門市購物，或是住在外地不便前往東京，三越吳服店於是從一九一一年起推出了便利的服務。〈電話銷售人員開始服務——三月二十五日起〉（《三越》，同年四月號）報導三越吳服店新增電話銷售員，負責對應沒有時間來店的消費者，由於電話不夠多的話會導致顧客苦苦等候，因此除了門市用的九台電話，三越又增加了十二台銷售用的電話，並雇用二十五名接線生，另外還準備監聽設備，由相當於小組長的係長負責監督所有電話內容。

下頁圖中（《三越》，一九一一年五月號）排排坐的是接線生，站著的則是負責監督的督導。三越的總機室位於二樓，共有十二名接線生負責對應顧客，每一名接線生負責兩條外線與兩到三條內線，她們左耳上戴的是聽筒，話筒則在胸口的位置，空著的雙手用來把聽到的訂購內容寫在訂單上，由兩名督導收取訂單，交給訂單組。顧客打來的電話通常包括訂購與諮詢，同一期雜誌的〈電話銷售員的工作內容〉便刊登了一紙「商品暨報告單」，上頭註明急需丸帶[8]，必須確認能否在十七日之前交貨。電話銷售員會把客戶詢問的內容寫在商品暨報告單上交給訂單組，訂單組蓋上「照會」字樣的印章後把單子交給賣場主任，由主任打電話給工廠確認，並在當天回覆顧客。

三越吳服店在聯絡工廠、織布廠、染色店等廠商與客戶，以及公司內部各個部門時，本來就是使用電話，因此顧客打給三越的電話往往很難接通，但新增電話銷售員後，便把公司內線與顧客用的外線完全分開，以利顧客訂購，剛開始的十天幾乎不曾讓顧客等候。接到電

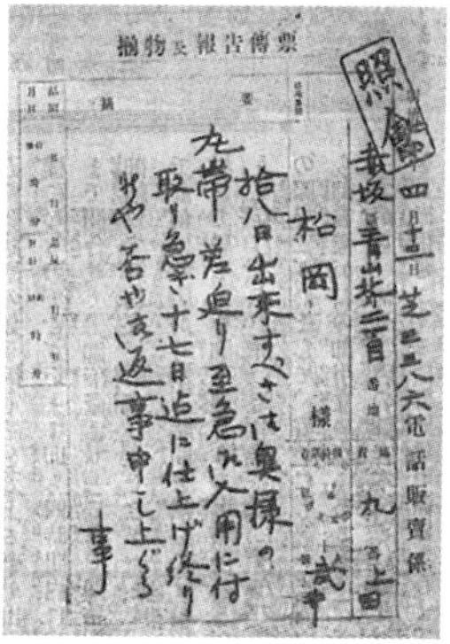

上：電話銷售員（《三越》，1911年5月號）。
下：訂單組做好的「商品暨報告單」（《三越》，1911年5月號）。

話訂單之後，他們會把「商品暨報告單」交給發貨組，發貨組則把商品交給跑腿男孩，當時有自行車隊與汽車隊隨時待命，準備配送商品，商品的發送時間、送達時間與跑腿男孩回到店裡的時間，都是以分鐘為單位記錄。

送貨的方式因時代而異，像一九〇七年時的交通工具是汽車、自行車、馬車與推車，而第一家使用汽車送貨的商店正是三越。《大三越歷史照片帖》（一九三二年十一月，大三越歷史照片帖刊行會）中刊登當時用來送貨的汽車是「克萊門號」（Clément-Bayard），由於這項措施始於一九〇三年四月，比三越吳服店創立時間還早，所以車身上的字樣還是「三井吳服店」。《東京與博覽會》（《時好》臨時增刊，一九〇七年三月）的附錄《三越吳服店參觀導覽》中，提到三越是以西方的百貨公司為範本，當時西方百貨公司的服務是顧客買完東西回到飯店時，商品就已經送達了。東京市幅員遼闊，要百分之百在顧客抵達家門前將商品送達並非易事，不過三越仍舊以短時間送達為目標，而且這項服務還無須運費。

五年之後的一九〇八年八月一日舉辦「汽車遠征」時，「克萊門號」也曾共襄盛舉。〈汽車遠征隊〉（《東京朝日新聞》，同年八月三日）一文報導，有栖川宮等人當時舉辦了共乘活動，鼓勵民眾利用汽車，遠征路線一路開到甲州街道的立川，共有十一輛汽車參加，

8 江戶時代到第二次世界大戰之前最高級的和服腰帶，現在幾乎不復見。

三井吳服店的汽車「克萊門號」（《大三越歷史照片帖》，1932年11月，大三越歷史照片帖刊行會）。

吸引民眾前來看熱鬧，沿路的村民還手舉國旗歡迎車隊。在立川用過午餐後，矢野恒太（第一生命保險公司的創辦人）提議成立汽車俱樂部，獲得在場人士一致同意後，他繼續發表意見：「現代人所搭乘之馬車與人力車，在此繁忙時代作為外出工作者的交通工具實在不便利且不文明，今後應當以汽車等文明的產物取而代之。」克萊門號在汽車的黎明時代奔馳於東京市區，不僅用於配送貨物，同時兼具宣傳效果。

有栖川宮是盡心盡力推廣汽車的知名人士，〈有栖川宮的汽車〉（《讀賣新聞》，一九一二年八月十一日）一文報導，他在一九〇五年從英國進口了兩輛大型汽車，還會自己開車，除了進宮之外，偶爾外出時也不是搭乘馬車，而是駕駛汽車。伊藤博文公爵、山尾庸三子爵、戶田氏共伯爵、大隈重信伯爵、澀澤榮一男爵等人開始搭乘汽車，也是受到有栖川宮影響。技師有馬家從留學英國、進入汽車學校就讀，回國後成為日本第一位汽車技師之際，擔任宮廷汽車技師長的也是有栖川宮，他自英國、法國、德國與美國購得的汽車更是多達十幾輛。

三越的汽車載著歲末禮品奔馳在一九一〇年代前期的東京市區，成為每年年底的經典風景。〈往新橋，往京橋——頓時充滿活力的銀座〉（《讀賣新聞》，一九一二年十二月二十四日）如是描述這「光彩炫目」的年末景象：新橋附近的博品館以「紅白兩色的布條」包覆，正在舉辦大特賣；竹川町的龜屋打造「綠色拱門」作為聖誕節裝飾，並自三樓懸掛「巨大的紅旗」；明治屋則是用「西洋玩具與燦爛的銀色穗帶」營造異國氣氛。當十二月的街頭散發出這番氣息時，「森永與三越等公司的汽車會裝滿禮品」，四處送貨，同時沿路留下汽油的氣味。

小說家兼法國文學家後藤末雄在小說〈素顏〉（《新小說》，一九一三年十一月號）中描繪了當時的光景：「三越的汽車停在對面妾宅前，眉清目秀的少年送來訂做的和服。中年婦女一邊戴手套，一邊走出來，和少年擦身而過，以豔羨的眼神回頭張望。」歲末忙碌奔波的時節，有許多表現一年尾聲的場景，其中三越配送禮品的汽車便擁有令人羨慕、引人回頭的魅力。

吸引眾人目光的另一個理由是當時汽車還很稀有，在東京市區看不到幾輛。〈東京汽車〉（《東京朝日新聞》，一九一一年五月二十五日）一文報導，警視廳調查發現除了皇族用車與軍用車外，私人汽車共一百一十一輛，私人貨車共四輛，專門用於搬運的汽車共十三輛，也就是全東京總共只有一百二十八輛車。東京汽車、帝國、日本與築地汽車製造廠等公司除了銷售汽車與相關配件，也提供出租汽車的服務，但是顧客多為外國人與「出過國的時髦紳士」。除此之外，大抵就是餐廳等處的客人找藝妓時，會一群人叫車去向島與龜戶等地，像「中年婦女」之類的普通人即便看過汽車，也不可能搭過。

跑腿男孩隊則是三越從一九〇九年九月一日開始推出的服務。〈本店新組織——跑腿男孩〉（《三越時刊》，同年十月號）一文，提到跑腿男孩是仿效自英國，歐洲各國的大型百貨公司裡也都有類似的工作人員，提供便利服務。同一期的雜誌所刊登的照片如左上圖，他們所穿的制服參考的是倫敦的百貨公司，帽子上有三條粗粗的白線和以圓形圈起來的越字樣徽章，代表是三越的跑腿男孩，肩章也是三條粗白線，胸口的徽章與臂章是富士山的造型，自行車則特意漆成容易弄髒的白色，不僅是為了營造瀟灑的形象，也是提醒跑腿男孩要時時擦拭，以保清潔。

一九一一年十月一日起，三越在店內安排了少年導引員，每個樓層各有數名，負責回答顧客的問題或帶領顧客前往店內各處。他們身著深藍色的有領制服，制服上是金色鈕釦，並且標示金色的「導引員」字樣。〈新增少年導引員〉（《三越》，同年十月號）一篇提及，三越聽到顧客反映店裡太寬敞、光是為了找尋賣場便耗了不少時間，急著買東西時不甚方便，因此決定提供導引服務。當賣場還是兩層樓的土藏式建築時並無須擔心這種問題，因此這項服務代表三越離百貨公司又近了一步。左下圖刊登於《三越》一九一一年十一月號，原圖解說為：「少年身著瀟灑又便於活動的制服，多麼可愛！」

當時的消費者有時還會使用「商品票」來三越購物。商品票出現於一九〇六年六月，前身「吳服票」則首次發行於一八八〇年代末，在中元節或是歲末時分贈送商品票給親朋好友，對方便能自行到店裡挑選喜歡的商品。一九一一年七月四日，《讀賣新聞》刊登了一則有趣的報導〈擴大商品票交換所〉，提到下谷區的小西幸道開始提供這項服務，大獲好評，於是在各區設置代理店，交換所發行的商品票可用於三越與白木屋等店家，也能在酒鋪買啤酒，甚至存進戶頭或換成現金。這篇報導還推薦商品票「正是此刻中元送禮最好的選擇」。

上：跑腿男孩（《三越時刊》，1909年10月號）。
下：少年導引員（《三越》，1911年11月號）。

一百年前的百貨公司⑧——玩具

1

2

3

4

5

6

1、2：進口的「西洋人偶」（《三越》，1913年7月號），娃娃的雙眼會隨著身體動作而開闔。
3：布製的「自動跑步郵差」（《三越》，1912年1月號）。
4：德國製的「滑稽滑雪人偶」（《三越》，1913年5月號），「小丑人偶」會橫著走。
5：來自國外的「射擊遊戲」（《三越》，1912年1月號），子彈上有「橡皮箭頭」。
6：「木製搖頭動物」（《三越》，1911年10月號）。

第四章

時尚的發源地

21 在三越享受視覺饗宴後才打道回府——文學表述中的三越

三越吳服店在文學作品當中又是呈現何種形象呢？比如越後屋吳服店曾出現在近世文學的浮世草子經典作品——井原西鶴的《日本永代藏》（一六八八年）中。《時好》一九〇七年九月號就曾刊登公告〈募集以「三越」為主題的美麗文學〉，呼籲讀者以各類文學型態創作投稿：「三越吳服店的前身『越後屋』為江戶時代的名勝之一，或是文人墨客吟詩作對之處，或是化身為豔麗的錦繪，流傳於各國。現在越後屋更名為三越，其名聲不僅限於日本、東洋，而是遠播至西方諸國。因此本店廣泛募集以三越為主題、秉持清雅興致、自文學各方面觀察描寫之作。」

這場徵稿活動經過評審，於《時好》一九〇八年一月號發表優秀作品，當時正逢自然主義文學全盛期，後代重新評價井原西鶴作品的，正是明治四〇年代[1]的自然主義文學家。或許是反映了時代潮流，當時優勝的劇本是《喜劇自然主義一幕》，作者是日後成為知名劇作家的川村花菱。劇名雖然是「自然主義」，但川村並未採用寫實的手法創作，從標題的「喜劇」兩字與劇中角色自然主義作家鷲尾花冠的姓氏特意標示念法為「USOO」（說謊），可知劇情其實是在揶揄自然主義。其描寫鷲尾來到三越賣場，要求店員說明何謂「拍攝真實（寫真）」，並把說明抄在記事本上，又聽說攝影部有出租衣物的服務，於是詢問對方是否有左拉與巴爾札克的服裝。後來他在餐廳想描述「肚子餓時吃到美食的心理」，因此向服務生商量能否讓他免費品嘗餐點好「研究」這種心理。

他造訪攝影部時聽到有人大喊「小偷！小偷！」，於是對警方說：「小偷？這真是太令人高興了！」大概是因為剛好遇上這種值得寫進小說裡的事件吧。結果警察卻把他撞開，斥責他幸災樂禍，四周的人見狀紛紛捧腹大笑。而且真正的事件其實發生在空中花園——有一名「洋派時尚的男子」和女學生坐在藤花架下的長椅聊天，鷲尾從背後悄悄接近兩人，把對話內容寫在記事本上。對方發現後指責他偷聽，他卻嘴硬強辯：「是你們要讓人家偷聽到的！而且能成為自然主義作家鷲尾花冠筆下的人物，反而應該感到光榮才是！」警察和店員趕到現場，將他帶往警察局，他在路上為了描述當下「痛苦的心理」，而在記事本上寫個不停。

除了劇本，徵稿項目還有以三十一個或十七個日文音節來創作的和歌、俳句與川柳，只

譯註

1 指一九〇七～一九一七年。

1908年2月號《時好》所刊登的「清水家千金小姐」的照片。

不過句子裡倘若並未提及「三越」或「駿河町」，就很難分辨是否是以三越為主題。當時和歌項目由「友禪小袖拂春風，三越之春聚眾人」（櫻井直太郎）獲選二獎，評審佐佐木信綱的評語是「有情有景，趣味十足」；俳句項目獲頒頭獎的是「江戶春天來，走過三越前」（若翁），評審巖谷小波的評語是「得以想像三越繁榮的光景」；獲得川柳三獎的則是「依依望三越，遲遲不上車」（喜藤齋），描繪顧客對三越依依不捨、眼神流連的模樣，連車掌都等到不耐煩，心想這個人究竟要不要上車呢？

川柳的音律和俳句一樣是「五七五」，但是不受季語[2]束縛，得以自由創作，營造動人心弦的詼諧世界。川柳作家井上劍花坊曾調查以越後屋、三井吳服店與三越吳服店為題材的古今川柳，彙整為〈古今川柳中的三越吳服店〉（《時好》，一九〇七年五月號）一文，文中以「三越誠如畫，客人亦似錦」（思案坊）為例，讚賞「詩句如花似錦，吟詠會來到三越的客人都盛裝打扮，藉由讚美前來購物的顧客，描述店裡的熱鬧景象」。此外劍花坊雖未加評論，但另一首川柳「賞心悅目進三越，心滿意足返回家」（長谷坊），則巧妙捕捉顧客來到店裡不見得是為了購物，而是在三越的賣場裡閒逛、品鑑商品，滿足視覺享受，也就感到心曠神怡。

消費者一旦看到華麗絢爛的和服，想像自己穿上的模樣，自然會想要購買相同的商品，倘若過於昂貴買不起，有些人則會抑制不住欲望順手牽羊，川村花菱在《喜劇自然主義一幕》中穿插的偷竊情節，當時就經常見報。一九〇六年八月十九日，《讀賣新聞》刊登了一篇報導〈偷竊一萬圓〉，寫道住在淺草的兩名男性和一名女性一同計劃偷竊，名為阿春的女性在日本橋三越與上野松坂屋等吳服店偷竊合計約一萬多圓的棉麻類織品，並且把這些贓物賣給淺草的舊貨商以換取現金。事件曝光之後，三名同夥遭到逮捕，移送檢察單位，舊貨商則在逃。吳服店倘若轉型為百貨公司，眾人渴望據為己有的商品也會越來越多。

經常上報的也不只是竊盜等犯罪新聞，還有關於和服的笑話。〈細君思妙計，紳士懷鬼胎〉（《讀賣新聞》，一九〇六年十二月十七日）一文報導保險公司的董事迷上赤坂的女人，準備了大筆金錢好應付對方向他討春裝。只不過他身為入贅的女婿，妻子每天都會在他外出之前「檢查錢包」，所以他最多只能帶十五圓出門。為此他特別用舊報紙把大筆金錢包起來，藏在書房的畫框後，沒想到私房錢卻不翼而飛。有一天早上，三越吳服店送來三件疊

2 表達特定季節的詞彙。

穿的高級和服給妻子，他擺出一張臭臉說：「我今年沒答應妳可以這麼揮霍吧！」未料妻子對他微微一笑道：「夫君別擔心，妾身恰好撿到兩百圓。」

此外，對於即將出國的人而言，要在出發前買齊所需物品往往也是到三越。三宅花圃的小說〈蜜月的振袖〉（《三越》，一九一一年六月號）主角是一名移民到南美洲的青年，在一攫千金後暫時回國。住在日本的母親想和兒子一起到南美洲生活，青年於是談好婚事，決定帶著妻子與母親一同前往南美洲。由於家財萬貫，因此他們從「婚禮」到「家居」的和服全都在三越訂購，當船隻從橫濱港出發時，新娘站在甲板上，「脫下大衣交給身邊的婢女，淡紫色的振袖袖子瞬間落下，薄皺綢的長襦袢上是以金銀絲線縫製的波浪與水鳥圖案，疊穿淡粉色的和服，海風突然拂過襯托膚色的白色面紗，婢女為她梳好的高島田髮髻上插了玳瑁花笄，反射日光，耀眼奪目」。

出國前去三越買齊必需品不是小說裡的情節而已。一九一〇年五月，英皇愛德華七世駕崩，隔年六月二十二日，喬治五世登基，在西敏寺舉辦加冕儀式，東伏見宮妃也出席了這場典禮。〈渡英之準備〉（《讀賣新聞》，一九一一年三月二十四日）中報導東伏見宮妃預計四月於橫濱搭船出發，三月二十三日在岩倉公爵夫人等人的陪同之下，「微服出巡」三越。她隱身於平民之中，和眾人一同從二樓逛到三樓賣場，並在三樓的竹之間稍作休息，聆聽鋼琴演奏。回程的馬車上堆滿「醒目的友禪等各類雜貨」，報社記者推測，那些商品或許包含

喬治五世加冕典禮遊行（鳥居赫雄，《托腮》，1912年12月，政教社）。

在倫敦參加典禮時要穿的衣物與贈禮等。

一九一二年五月五日，作家與謝野晶子出發前往巴黎，據說她出門之前也在三越吳服店添購了所需物品。〈持續追逐春天——當代刺激購物欲之處〉（《東京朝日新聞》，同年四月二十二日）一文如是報導：「由於良人來信，要求盡量穿著華麗，晶子於是前往三越準備西行所需之一切物品。御召的圖案巨大、顏色美麗，皺綢的友禪描繪充滿風情的秋季花草，腰帶為藤原的新商品或有職圖案[3]。」與謝野晶子認為巴黎與倫敦的女性時尚正巧相反，她在〈寄自倫敦（三）〉（《東京朝日新聞》，同年七月三十一日）中提到巴黎的女性「外表華麗，但其實是巧妙搭配粗糙的衣物」，倫敦的女性卻是「外表樸素，其實衣物價格昂貴，可惜的是打扮缺乏魅力」。

如同前往南美洲的女性身穿在三越買的振袖，前往英國的東伏見宮妃會在三越購買友禪，前往巴黎的與謝野晶子會在三越添購御召，一九一〇年代的女性服裝基本上是和服，

3 源自平安時代貴族使用的傳統圖案。

在巴黎的與謝野晶子（與謝野寬、晶子，《寄自巴黎》，1914年5月，金尾文淵堂），兩人不是穿著和服，而是西服。

少數的例外則是曾經出國的女性，森鷗外的小說〈啁啾（對話）〉（《三越》，一九一一年三月號）中的角色百合子便是其中之一。她「頭戴飾有手工藍色薔薇的黑色大帽子，身著黑色paletot外套，領子是灰色毛皮，圍巾也是相同顏色。灰色手套長及手肘，還帶著荷葉邊的小洋傘」。當她脫下「paletot」（一種有口袋的短外套，前襟有釦子），裡面穿的是淡藍色的羊毛衣物。百合子在巴黎待過一年，那是她當時購買的衣服，巴黎如同「三越」，有「數百間」店家可以訂製西服，而非和服。鷗外藉由百合子的口中說出在日本想要購買較高級的西服，不到英國人在橫濱經營的商店是買不到的。

時尚無法單獨存在，身受穿著的人物、環境、情況左右。三宅花圃在〈希望婦女穿著的服飾〉（《時好》，一九〇八年三月）中提到年輕時認為「日本人」應當穿著西服，因此自己過去總是身著西服，最後卻以「一般的日本人應當穿著日本的衣物」作結，理由是日本的居住空間不適合穿西服——企業家橋口信助自美國返回日本後，創立興建住宅的專業公司「美國屋」，利用雜誌《住宅》推動住宅改良運動是在一九一六年八月，比三宅發表的這篇文章晚了八年。西服適合歐洲的居住空間，在日本的居家空間穿只會覺得彆扭，〈啁啾（對話）〉中的百合子身著西服所造訪的是由「桌椅、長椅與瓦斯暖爐」所構成的西式房間，當時尚未普及於日本的居住空間。

22 從元祿風到桃山風——和服的時尚

在日本女性的服裝尚未西化的時代，女性的「時尚」意指和服與其配件。內田魯庵的小說〈戒指〉（《時好》，一九〇五年五月號）中的女性角色便如是夢想：

買下三越特賣時的所有碎布，把御召和友禪攤滿整個房間，坐在衣物中間，把耀眼奪目的美麗布料掛在手上，披在肩上，纏在腰上，看著鏡子裡的自己，想著這塊布做成長襦袢，那塊布做成襦袢的袖子；這件要這樣穿，那件要那樣穿，就這麼過上一整天，會是什麼樣的心情呢？或是風雅地奢侈一番，向三越訂製和服。當送來和服的馬車停在家門前時，又會是什麼樣的心情呢？

這篇小說發表於一九〇五年五月，時值日本聯合艦隊在對馬海峽海戰擊破俄國的波羅的海艦隊，這名女子的夢想雖然並未明確提及流行風潮，不過當時代表性的時尚是「元祿圖案」。三越吳服店設計部主任籾山東洲在〈衣裳圖案流行變遷（上）〉（《讀賣新聞》，一九〇八年六月二十五日）一文表示「三十七八年戰役[4]時逐漸開始流行的元祿圖案，在戰後更是吸引世人矚目，流行的說來說去都是元祿圖案，不是元祿圖案便不穿」。籾山是在日俄戰爭結束三年後回憶起流行情況，至於三年來的流行變遷則是「元祿圖案過於時尚，難以適用於所有階級，當人們對元祿圖案稍稍厭倦時，取而代之的便是桃山圖案」。由此可知，日俄戰爭結束之後的流行趨勢，是由元祿圖案轉換為桃山圖案。

歐美國家的時尚旗手是上流社會的女性，如巴黎每逢新一季來臨，服飾店就會招待上流階層的顧客到店裡，展示每款只有一件的設計師作品。前述森鷗外的小說〈啁啾（對話）〉中的百合子提到在服飾店的體驗：「討論出結果得花上三小時，轉向右邊，又轉向左邊；從前面看看，又從背後看看；穿上身，又脫下來，中間根本不能坐下來休息，一直在鏡子前面轉圈圈。」她在服飾店買到的禮服是要穿去布洛涅林苑（Bois de Boulogne）的隆尚賽馬場（Hippodrome de Longchamp）和晚宴等社交場合。

日本在一九〇〇年代缺乏類似歐美的上流階級社交場合，大隈重信在〈大隈伯爵服飾與流行談（名家談衣服之一）〉（《時好》，一九〇五年七月號）中提到，日本的上流與中流階層女性大門不出、二門不邁，鮮少接觸外界，因此時尚旗手自然不是上流階級的淑女，而

4 日俄戰爭的別稱。

是由藝妓扮演交際花的角色。日本的確無法如同大隈重信所言，仿照西洋創造每一季的流行，儘管三越吳服店的賣場看得出「些許流行」，但自行創造流行與發聲的能力卻有待加強，當時唯有藝妓身穿最為絢爛華麗的衣裳而引領流行。

十七世紀後期到十八世紀初期的元祿年間，住在都市的商人階層靠著財力而興起，帶動了各領域文化的創新，服飾方面也不例外。例如近代日本和服的原型「小袖」，原本是貴族階級的內衣與庶民階級的日常衣物，當商人階級等新興勢力崛起，小袖便成為了基本款。染色技法「友禪染」確立於十七世紀末，這種新的染色技法促使工匠得以自由創作山水與花鳥圖案，進而大量製作小袖，這類圖案就稱為「元祿圖案」。三越吳服店會研究過往華麗的元祿圖案，創造近代的元祿圖案，藉此打造新時尚。

籾山東洲提到元祿圖案逐漸興起的時間是一九〇四年到一九〇五年，分析當時的新聞也能發現諸多相關報導，〈或有人曰〉（《東京朝日新聞》，一九〇五年三月二十七日）一文便提及「據說新橋美人三四人身著三越喜好之元祿風格服裝，在宴會上表演十分優美的元祿舞」，其中「新橋美人」指的便是新橋藝妓。《東京朝日新聞》在同年四月七日報導〈元祿美人明信片〉，介紹日本橋美明舍發行的明信片：「最近大受好評的新橋藝妓身著元祿圖案和服的身影，以珂羅版印刷成美麗的明信片，鮮明呈現三越吳服店用心設計的服裝。」藝妓和服上的元祿圖案，在宴會上滿足了眾人的視覺享受，更透過明信片的印製廣為宣傳。

「元祿圖案長襦袢」（《時好》，1905年4月號）。原圖解説為「布料為新織的橫豎條紋絽[5]，底色為藍綠色，波浪為染色時留白，筒車為深褐色、淡駝色與黃綠色，絞染處押上金箔，第一眼便耀眼奪目」。

新橋藝妓跳元祿舞（《時好》，1905年4月號）。

5 一種夏季和服材質，略為透明。

一九〇五年四月十日，《讀賣新聞》的〈社會新聞〉如是報導元祿圖案：歌舞伎座的戲劇《元祿賞花》蔚為話題，「三越的設計帶動元祿熱潮，演員穿上元祿圖案和服，風姿俊俏，動作華麗」。元祿圖案不僅出現在「風姿俊俏」的演員身上，其「手邊的用具」、「菸盒」與「菸斗」，也都是元祿風格設計。元祿圖案之所以形成風潮，不單單是由於宴會與明信片宣傳，而是連舞台表演都推波助瀾。無論在哪裡看到元祿圖案的商品，去三越吳服店都買得到，站在三越的立場來看，藝妓和演員都是元祿圖案的代言人。

一九〇五年四月一日，三越吳服店舉辦了第九次新設計展示會，隔天的《讀賣新聞》就報導〈三越展示會〉銷售的腰帶布料、友禪和襯領等所有商品都是元祿圖案。其中特別引人注意的是十種元祿圖案的友禪，這十種圖案包括象徵「治世海中物產豐富」的海浪鹿子染[6]；象徵「春日風情攔花柵」的雪月花；象徵「杜鵑啼聲與月光透竹林」的竹格柵；象徵「格子木窗深九重，藤花如浪櫻花鹿子染」的松樹、櫻花與朱紅色欄杆；象徵「小草露水」的鴨跖草；源自平安時代後期歌人藤原俊成吟詠的和歌「吾友身影現玉竹，世世代代影隨形」、名為「吾友」的竹子；象徵「揮手蝴蝶」的蝴蝶；象徵「涼風」的筒車與流水；尺寸較大、圖案如其名的「素雅松竹梅」；至於「黃昏群鳥」，則是取自鎌倉時期的公卿藤原資季的和歌「黃昏遠潟定漲潮，嘎嘎前來是群鳥」，這些圖案不僅「華麗顯眼」，還兼具「懷古之情」。

元祿圖案展示會大獲好評，三越因而門庭若市。展示會開始四天後，《東京朝日新聞》曾刊登〈三越吳服店特賣與順手牽羊〉一文，報導四月一日的入場人數是兩萬一千人、二日是一萬九千人、三日是一萬八千人，三天的營業額高達二十萬圓——由於人潮洶湧，因此容易發生所謂的「順手牽羊」事件。當時有一名五十五歲左右、「貌似紳士」的男性乘坐人力車抵達三越，繞了各處賣場一圈後，花了一圓在棉織品賣場買了一匹由雙股紗織成的布料，悠悠哉哉準備離開之際，擔任警衛的日本橋署刑警覺得有異，於是上前解開男子的腰帶，在他的衣物之間發現「捻絲友禪、皺綢與其他高級商品」共七、八匹布料，總價約一百多圓。

此外，《時好》中也記錄了三越吳服店為宣傳時尚而推動元祿研究會的活動。〈元祿研究會〉（《時好》，一九〇五年八月號）一文報導，這個研究會第一次集會是在七月二十五日，地點是柳原胤昭宅邸，出席者有五十多人。集會上，日本女子大學教授戶川殘花發表成立研究會的主旨，歌舞伎座的專屬劇作家福地櫻痴、俳人角田竹冷、人類學家鳥居龍藏等人也發表了演說，三越設計部主任杉山東洲則親自說明元祿服飾流行的理由。之後〈元祿研究會談話片段〉（《時好》，同年十一月號）又報導十一月五日在日本橋俱樂部舉辦了第二次研究會，此次參加人數為一百四十人，是第一次的三倍。會中有日本畫畫家久保田米僊針對

6 一種絞染，類似鹿身上的花紋。

「元祿時代的繪畫」發表演說，還有詩人野口米次郎等人演講。左頁上圖是當時在會場二樓舉辦的「元祿時代參考品展示」，陳列著和服與掛軸等資料。

三越吳服店進一步於一九〇五年五月舉辦設計徵稿，募集「元祿風格的下襬設計」與「元祿風格的友禪圖案」。這則徵稿消息刊登於各大報，以五月二十二日《東京朝日新聞》的〈三越設計徵稿〉一文為例，提到截止日期是七月十五日，冠軍（一名）可獲得獎金一百圓，亞軍（兩名）五十圓，季軍（三名）四十圓，殿軍（五名）二十圓，第五名（十名）十圓，並將自十月一日起在三越店內展示得獎作品。

而接替元祿圖案登場的桃山圖案，也出現過相關報導。桃山文化（安土桃山文化）比元祿文化早一世紀，出現於十六世紀後期到十七世紀初期，在富商興起與基督教文化影響之下，當時的小袖使用大量刺繡與絞染技法，呈現燦爛絢麗的世界。桃山圖案的代言人與元祿圖案一樣是藝妓，〈橫濱藝妓的桃山舞〉（《東京朝日新聞》，一九〇五年五月十八日）一文預告藝妓們將於當月二十五日在橫濱千歲樓首次表演舞蹈，負責製作舞衣的是三越吳服店，據說屆時裝扮會比元祿圖案的和服更為華美。

桃山圖案在一九〇六年四月一日出現於三越吳服店的展示會上，〈三越吳服店的新設計展示會〉（《讀賣新聞》，同年四月五日）一文便報導此時友禪與腰帶都開始採用桃山圖案，其與元祿圖案的差別在於葫蘆與梧桐，「沒有這兩個要素，就不算桃山圖案」，因此友襌與腰帶最終都顯得「華麗美觀」。《時好》同年五月號收錄的照片如左下圖，是從台階上的出納部門那一側拍下顧客的模樣，右側前方的大桌子上有好幾匹布料，女性顧客和男性店員正隔著布料對談，還有些布料放在中央的櫥窗裡以便顧客看清圖案，女性顧客也專注地盯著這些商品。不同於江戶時代的吳服店，而是試圖仿效巴黎的服飾店，創造新時尚——這正是三越吳服店公開百貨公司宣言後的目標。

上：「元祿時代參考品展示」（《時好》，1905年11月號）。
下：第十一次新設計展示會場的情景（《時好》，1906年5月號）。

23 始於紐約的尾形光琳風潮

〈衣裳圖案流行變遷〉一文記錄了籾山東洲回憶一九〇〇年代中期到後期的時尚變遷，《讀賣新聞》則在一九〇八年六月二十六日刊登了該篇文章的下篇。籾山在文中提及日俄戰爭之後，「元祿風格的設計靈感」已然耗盡，沒有發揮的空間，取而代之的是「桃山風格」，然而用來展現「新穎別緻」的「桃山風格」也迎來江郎才盡的一天，「流行的風潮」於是轉向畫家尾形光琳。但光琳的缺點在於作品不足以作成和服圖案，難以運用於染色，因此風潮又傾向另一位畫家俵屋宗達，最後創造出融合「元祿」、「桃山」、「光琳」、「宗達」的優點，加上寫生特色的「明治風格圖案」。

尾形光琳是代表元祿文化的畫家與工藝家，在十七世紀末到十八世紀初奠定了裝飾的形制，他鑽研平安時代的古典文學，在屏風、蒔繪、小袖與扇面等工藝品中發揮了獨特的設計。在一九〇八年出現「光琳風潮」之前，「光琳圖案」也曾備受矚目，因此三越吳服店的前身三井吳服店在一九〇四年十月舉辦第八次新圖案展示會之際，也曾一併舉辦光琳圖案會。〈光琳圖案會〉（《時好》，一九〇四年九月號）一文提到舉辦圖案會的目的在於「期許軍國的諸位設計師構思更為壯大巧妙之綺思麗想，下定決心以報此隆運，又我日本國民多方發展，惟由衷期盼不單以武勇震驚世界，美術思想亦卓越傑出一事亦得以傳遍海內外」。這篇文章發表於日本對俄國宣戰八個月後，也就是日本第三軍對旅順進行第一次總攻擊失敗的隔月，所以引文前半段才會表示要呼籲「軍國」的設計師。

四年之後的一九〇八年，出現了一項契機使得大眾的目光聚焦在尾形光琳身上。原本大家並不知道光琳的墳墓何在，然而久保田米齋於一九〇八年二月暫居京都時，曾聽聞光琳安眠於妙顯寺泉妙院的墓地。〈鋼筆〉（《東京朝日新聞》，同年八月二十七日）一文報導，久保田造訪泉妙院，在南天竺與竹林環繞的雜草中發現無人祭拜的墓碑，於是向三越提議接下「守墳」的任務，以免「香火斷絕」。久保田在六月時再度前往京都，請求妙顯寺在門前建造石碑以標示光琳墓地，但是妙顯寺以並未取得宗派首長許可、又會破壞寺院景觀為由，遲遲不肯答應。

三越吳服店於十月一日舉辦第十六次新設計展示會時，連同正在徵稿的光琳風格明治圖案，以及作為參考資料的光琳派古美術品一併陳列，且於同月十二日舉辦光琳祭。〈三越吳服店舉辦光琳祭〉（《讀賣新聞》，一九〇八年十月十三日）一文報導，三越認為與尾形光琳作品關係「最為深遠」的是位於京都的光琳墳墓，因此決定在此長期祭拜他。而三越所舉辦的光琳祭則是在竹之間設立祭壇，放上墓地的照片與石碑拓本，並裝飾花草，此外賣場亦展示著光琳的《風神雷神圖》和「宗達、光悅、乾山、宗雪、光甫與南鶴等光琳派名匠」的數百件作品，餐廳則提供「光琳風格盒裝料理」，連同「比擬嵐山奢華的金粉竹皮」包裝的點心一起發給出席者。

出席光琳祭的眾人在餐廳用餐之後，日比翁助起身致詞，接著是數名來賓演講，一九〇八年十一月號的《時好》便刊登了當時金子堅太郎子爵等人的演講內容。金子在演講時提到三則關於尾形光琳的軼事，令人印象深刻：第一則軼事是美國藝術史家厄尼斯特．費諾羅沙（Ernest Fenollosa）數十年前在京都與奈良進行藝術調查後，回到東京和金子見面時說的。

臨時門市的餐廳於1908年4月開幕（《大三越歷史照片帖》，1932年11月，大三越歷史照片帖刊行會）。

費諾羅沙提到，藝術家在西洋深受敬重，許多人會前去他們的墳前祭拜致意，由於他研究的是室町時代[7]的畫僧兆殿司（吉山明兆）的畫作，因此當時便前往京都的寺廟參拜，但當他詢問僧侶兆殿司的墳墓位置時，對方卻表示不知道。他請對方幫忙調查，隔天再訪，才發現原來墳墓傾頹於叢生的矮竹中，於是請來石材行修整墳墓，並交付香油錢，委託寺方為兆殿司誦經迴向。他十分感嘆日本明明是知名的美術大國，但像兆殿司這樣的名匠墳墓竟然遭人遺忘，實在遺憾。

一八七一年，金子堅太郎隨同岩倉使節團訪美進而留學，七年後自哈佛大學畢業。他在伊藤博文成立第三次內閣時擔任農商務大臣，並在日俄戰爭開戰與結束後得以和美國老羅斯福總統會談——只不過這應該是由於兩人是校友，而非以政治家的身分。費諾羅沙對金子來說也是哈佛大學的學長，他透過費諾羅沙發現兆殿司的墳墓一事，帶出了久保田米齋發現尾形光琳墳墓的軼事。

第二則軼事發生在藝術收藏家查爾斯・連・弗利爾（Charles Lang Freer）於一九〇七年訪日之際。十多年前，弗利爾前往紐約，在日本人經營的商店裡看到了一座很有韻味的屏風，在調查這件出色的作品後發現作者正是尾形光琳。之後他直接向日本下訂單，收集了尾形光琳、俵屋宗達、尾形乾山與酒井抱一等畫家的屏風共五、六十座，但光琳的作品則不限屏風，也收藏他的蒔繪與陶器。弗利爾向美國國會提出建議報告，表示願意自費建設東洋美術館，死後再捐給美國政府，作為史密森尼博物館（Smithsonian Museum）的系列博物館之一。然而國會遲遲不行動，他於是直接寫信給老羅斯福總統，立刻獲得首肯，並為了充實館藏，再度來到日本。他所構想的東洋美術館如今成為史密森尼博物館旗下的弗利爾美術館

7 即一三三六～一五七三年。

（Freer Gallery of Art），就坐落於華盛頓特區。

金子堅太郎與博覽會淵源深厚，曾於一九〇七年擔任日本大博覽會會長，又在隔年出任東京大博覽會會長，第三則軼事就發生在他於一九〇四年參加聖路易斯博覽會之際。日本畫畫家高島北海當時負責導覽博覽會，希望他去美術館的瑞典美術展間看一幅油畫，根據高島的說法，那是「基於光琳的繪畫與設計」所創造的作品。金子在這一年和瑞典公使提起這件事時，才知道那位畫家正是公使也熟識的「拉弘啟爾」，拉弘啟爾對日本藝術很感興趣，尤其深入研究光琳派，也自行創作。

以美國的弗利爾與瑞典的拉弘啟爾「尊崇」光琳作品的設計與顏色為借鏡，金子堅太郎表示「尾形光琳的繪畫以今日歐洲的說法來譬喻，就是所謂的『新藝術』風格」，並期許當代的藝術家創造明治風格，一如光琳在元祿年間創造元祿風格那般。一九〇九年一月，流行會評估舉辦光琳風格設計徵稿以實現金子的期望，〈三越設計徵稿〉（《東京朝日新聞》，同年二月九日）一文報導募集的圖案主題共十二個，分別是「夢、愛、海、朝、眠、鄉下、城市」等，獲選的設計預定展示於三越，會期從四月一日開始。三越同時決定與過往的設計部分開，另行成立圖樣部。

徵稿比賽入選的三百件圖案，全數收錄於京都的美術書店芸艸堂所刊行的書籍《光琳風格明治圖案——三越吳服店設計徵稿》，於一九〇九年六月出版，〈三越吳服店徵稿之光琳風格明治圖案出版》（《三越時刊》，同年五月號）一文稱讚此書「裝訂與內容皆為近年來稀有之美書」。這套書分為鶴龜兩冊，鶴冊卷頭收錄巖谷小波的序文，內容與金子堅太郎的致詞相呼應：「我國之尾形光琳是東西兩地設計界之祖師爺，設計界之明星。看啊！新裝飾藝術也好，分離派也罷，作法形式無不仿效光琳。」由此可以看出在此兩世紀前對光琳的關注，與十九世紀末到二十世紀初對現代國際美術運動的關心相互呼應。

一九〇八年十月，三越吳服店在東京舉辦光琳祭，隔年六月二日又於京都妙顯寺舉辦祭祀儀式，寺門前的石碑正面刻有「尾形光琳墓在此寺中」，側面則有「明治四十二年六月三越吳服店建之」。〈京都之光琳忌〉（《三越時刊》，一九〇九年六月號）一文報導，當天共有十多名三越相關人士與一百六十五名賓客參加，中午過後完成誦經迴向與點香祭拜的儀式，所有人分別到寬敞的兩間客殿與後方的兩間書房品嘗儀式的餐點。光琳的墓地原本荒廢傾頹、杳無人煙，設置石碑後，許多人紛紛慕名前來。

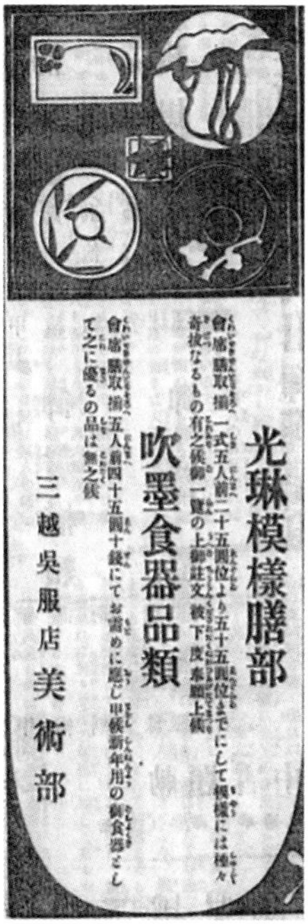

1908年12月號《三越時刊》刊登的廣告：「光琳圖案餐具」。

24 三越面紗與夏目漱石的〈虞美人草〉浴衣

其時設計和服的靈感可能來自古典文學或大自然，詩人河井醉茗刊登於《日本的三越——紀念大阪分店開幕》（一九〇七年五月，三越吳服店）中的詩句〈三越之歌〉第四段曾描述「佛像師描繪天平時代的／鳥類圖案五彩繽紛／遙遠大陸的秋海棠／在此看見花朵盛開的模樣」。天平年間是西元七二九到七四九年，屬於奈良時代[8]的鼎盛時期，一千一百年前描繪的鳥類和遠在大海的另一邊盛開的花朵都化為和服的圖案，藉由設計賦予新生命。由於和服的形狀已經無法大幅改變，因此流行的變化是以設計與色彩為中心。

不過和服的圖案不見得都遠在過去與他方，此書的編輯就為河井醉茗的〈三越之歌〉下了這樣的註釋：「本店三越之前接受岩崎男爵之委託，將男爵府邸奼紫嫣紅的秋海棠完美呈現於友禪上，精巧的染色技藝獲得眾人喝采。倘若河井先生知道此事而寫下詩篇，吾人將不禁為其機靈聰敏驚嘆。」可惜無法確定河井寫詩之前是否知道岩崎男爵的事——畢竟編輯用的是猜測的口吻，詩中提到的地點又是「遙遠大陸」。然而比起註釋，更令人印象深刻的是三越接受顧客的委託，將其庭院的花朵畫在友禪上。

眾人公認尾崎紅葉擅長描寫人物的穿著打扮。作家篠田胡蝶在〈紅葉喜愛的婦女服飾——小說中的衣裳髮飾〉（《時好》，一九〇七年一月號）中盛讚：「紅葉山人喜愛的服飾風格為精巧細緻，對小說中男女的衣裳刻劃入微，閱讀時，人物自然在腦海中浮現，尤其是婦女的服飾充滿風情。」尾崎紅葉不僅擅長描寫外出時的華美和服，就連居家的和服也毫不馬虎，因此篠田還以「舞台」形容尾崎紅葉筆下的和服——一如演員在舞台背景前活動，小說裡的人物也在「宛如背景」的服裝內活動。想要研究明治時代的「江戶風情風俗」，尾崎的小說正是上好的材料。

然而小說中的時尚之所以令讀者嘆為觀止，就在於作者本人平素十分關注衣著，對和服觀察入微。尾崎過世於一九〇三年，沒能遇上三越吳服店成立，但他過去卻經常造訪三越的前身三井吳服店。櫻桃子的散文〈故紅葉先生與本店三越（讀十千萬堂日錄）〉（《三越時刊》，一九〇八年十二月號）便嘗試從尾崎的日記捕捉其足跡，例如他在一九〇一年五月三十日的日記提到「前往三井吳服店，買兩匹皺布與自用的博多帶（兩圓二十五錢），和日比用餐」；同年六月八日的紀錄是「此日三井吳服店做好以結城紬縫製的藍灰色舞蹈用日式褲裙（十一圓多）」，可知三井吳服店送來了他之前訂購的日式褲裙。

8 即七一〇～七八四年。

有時在三井或三越吳服店購買的和服會出現在小說中，反過來說，三越店裡有時也會陳列設計靈感來自小說的和服或配件，例如夏目漱石在一九〇七年六月二十三日到十月二十九日於《朝日新聞》連載的小說〈虞美人草〉。《東京朝日新聞》在連載開始兩週後的七月六日刊登了〈虞美人草浴衣〉一文，報導三越早早染色製作了虞美人草[9]浴衣，如今已上市販售，其由罌粟花莖製成粗條紋，搭配高雅的花朵與葉片圖案，呈現「千金大小姐」的氣質，此外共有三種顏色，分別是深、淺兩種藍綠色與灰色。由於這款浴衣大受歡迎、供不應求，因此染色工人還必須加緊趕工製作。三個月後的十月十三日，則刊登了另一篇報導〈三越、白木屋、玉寶堂與虞美人草〉，文中提到三越與白木屋設計製作下襬圖案的靈感來自小說中的和服，而玉寶堂之前曾推出虞美人草金戒指，目前則正在製作和服腰帶飾品，三家店預計近期一同推出虞美人草的相關商品。

推出虞美人草浴衣的隔年，也就是一九〇八年開始販賣的商品則是三越面紗。黑田撫泉在〈秋之籬〉（《時好》，一九〇七年八月號）一文中提到三越從以前便考慮推出面紗，除了保護肌膚不受陽光直射傷害，也會更容易上妝，但是直接進口西洋的面紗並無法搭配日本人的「衣物、頭飾與風采」，替代方案是推廣洋傘，因此這一年夏天走在路上，手持洋傘的女性就特別醒目。然而出乎意料的是，當時面紗也開始出現了流行的徵兆，三越於是在布料、顏色與形狀上下足工夫，創造出不同於西方的日式面紗。其布料使用雪紡，從頭蓋住前方梳得蓬鬆高挺的頭髮，只不過黑田認為面紗的形狀還有改良的空間。

三越吳服店自一九〇八年三月開始販售正在申請新型專利的面紗，左上圖是〈三越面紗〉（《時好》，同年三月號）這篇報導的配圖，說明「本店所設計販賣之三越面紗為婦女

上：三越面紗的照片（《時好》，1908年3月號）。
下：三越面紗開賣隔月的1908年4月1日，文藝復興風格的三層樓臨時門市開幕，當天門庭若市，還進行了入場人數管制（《大三越歷史照片帖》，1932年11月，大三越歷史照片帖刊行會）。

9 紅色的罌粟花。

之頭飾，由使用雪紡等絹織品製造之薄紗所製成。顏色形狀五花八門，四周以刺繡等手法裝飾，阻絕路上灰塵，避免髮型坍塌，又為容貌增色，大受好評」。日本二到三月時，南方的高氣壓往往帶來現在多稱為「春一番」的強風，而面紗不僅能遮蔽夏季強烈的陽光，還能阻擋春風吹來的沙塵，三越應該就是因為這樣才選擇在三月開賣。

當時報紙介紹三越面紗，也提升了消費者的購買意願。例如《東京朝日新聞》一九〇八年五月二十四日報導〈三越面紗〉附加《時好》的介紹，說明「在風大的東京，面紗是必備品，許多人以此取代披肩」。由於報導推波助瀾，三越面紗銷路不斷攀升，從〈三越面紗熱銷〉（《時好》，同年五月號）一文可知，業績好到「供不應求」。三越第一次寄到大連出差人員宿舍供銷售的面紗多達數百條，但短短一兩天便銷售一空，報導中提到理由是「滿洲滿天沙塵，面紗更是必要」，此外商品本身也取得了新型專利，有了好的開始。

《時好》一九〇八年五月號刊登喬木生的報導〈大阪的三越「面紗」——即將風行〉，提到大阪分店當初認為關西地區的客人不會喜歡三越面紗，畢竟習慣和服的女性很難接受來自西洋的面紗，因此文中以中世紀的日本女性外出旅行時，頭上會戴著掛有薄紗的斗笠為例，表示三越面紗其實是將薄紗斗笠「改良成西洋時髦風格」。到了四月一日三越推出新設計展示會時，顧客看到賞花假人頭戴面紗，紛紛讚賞，終於讓三越店員放下心中一顆大石頭。曾在一八九一年參加劇團濟美館於淺草推出的男女共演改良戲劇、有日本近代第一位女演員之稱的千歲米坡就十分喜愛三越面紗，曾意氣洋洋地表示「我想早點戴上面紗，風靡大阪流行界」。

三越面紗推出短短兩個月之後，筆名稻波生的劇作家便發表了標題有「面紗」兩字的戲劇《喜劇面紗》（《時好》，一九〇八年五月號）。從劇本的說明「樓上休息室」與舞台上的桌子和安樂椅來看，可知場景是三越吳服店的休息室。劇中大學生春山春雄與女學生秋月澄江坐在椅子上，春雄看到澄江手拿「淡粉面紗」，便詢問那是什麼，澄江沒想到春雄不知道，吃驚之餘向他說明，兩人於是有了以下對話：

春雄：「哈哈！這是《時好》介紹的那個面紗嗎？妳什麼時候買的？」
澄江：「不想讓你取笑，所以我趁你看帽子時買了。」
春雄：「不愧是具備新思想的女性，立刻注意到流行，令人佩服。」
澄江：「別鬧了，我不喜歡這樣。」
春雄：「真是對不起。但是西方婦女外出時，會戴上『有帶帽子』或是『面紗』，可惜日本還沒有這些頭飾。對於三越早早製造這些商品，我萬分欽佩。像澄江小姐這樣具備新思想的眾婦女應當贊成這項新產品，負起義務向社會大眾鼓吹。讓我瞧瞧……」

西式面紗屬於西服的配件，但三越面紗則改變了造型，將其帶進日本女性尚未西化的和服世界，借用春雄的說法，戴上三越面紗可說是具備「新思想」的女性象徵。三越面紗的風潮並不只是在當年曇花一現，左圖收錄於一九〇九年六月號《三越時刊》，原圖解說是「推薦這項商品作為婦女夏日的必備品，防曬防塵，極為方便」，文案強調用途在於防曬和防塵，然而光是戴上一片面紗便能為普通的和服添加洋派時尚的氣氛，想必緊緊抓住了當時女性的心。

1909年6月號的《三越時刊》刊登的三越面紗照。

25 來自倫敦的西服部主任亞歷山大・米契爾

劇作家小山內薰的小說〈歸途〉（《三越》，一九一一年九月號）中，主角「我」住在巢鴨的伯父家，伯父經營一間「牛奶店」，每天早上吃了伯母烤的法國麵包、喝了牛奶後，就換上深藍色的三件式西裝去上班，「我」則在日本橋駿河町某家吳服店工作，現在這間店已經改稱為百貨公司。小說中雖然並未明確標示，不過指的應該就是三越吳服店，而且「我」隸屬的部門還是早其他吳服店一步成立的西服部。「我」過去住在札幌時，曾經「半是興趣」地花了三年向德國女性學習如何縫製西服，這項興趣發揮作用，使「我」能以縫製西服「糊口」。三越是在一九〇六年九月成立（重啟）西服部，小說中並未描述部門的情況，但作者小山內賦予「我」的這項職業不過成立五年，可說走在時代尖端。

「西服」一詞其實包含各種類型的西式服裝，若要遵循歐美社交界的規矩，依照時間與場合搭配合適的衣物，想必是件苦差事。一九〇七年二月號的《時好》轉刊了前外交官暨企業家園田孝吉的〈如何習得穿西服的規矩？〉（《實業之日本》）一文，提及日本與西方的交流日漸頻繁，「全球共通」的西服逐漸普及也是理所當然，西服在日本漸漸成為「日常服飾」，可以說是「文明進步的象徵」。但是三件式西裝如同和服的「便服」，除了與熟人會面和工作之外，不得用於社交場合；婚禮、園遊會、喪禮與相親之際必得穿著長外衣；赴晚宴、舞會與觀賞戲劇時，則得穿著燕尾服。穿著長外衣時，必須頭戴絲質帽子、手戴皮手套、腳穿有光澤的黑鞋；燕尾服則上下都要是黑色，領飾為白色領結，搭配白色皮手套與黑色鞋子，此外雙手絕不可插在褲子口袋裡；坐在椅子上時，把手放在腿上也不符合禮節。

遷移到臨時門市的西服部（《大三越歷史照片帖》，1932年11月，大三越歷史照片帖刊行會）。

說穿了，這些都是歐美社交界的規矩，除非出國，否則日本男性還是都能自由穿著輕便的西服。心理學家元良勇次郎在〈我的便利衣著〉（《時好》，一九〇八年三月號）一文中提到：「當今日本人的服裝融合和洋，議會上有人身著西服，也有人穿著羽織袴[10]；有人在家穿著和服，外出時則換上西服，我國的服裝目前實在亂無章法。」元良早年留學約翰霍普金斯大學（Johns Hopkins University），長年的美國生活使得他已經完全習慣西服，所以不僅是外出時，連在家休息他都穿著西服。

亞歷山大．米契爾（《時好》，1907年2月號）。

透過三越吳服店西服部的動向，也能察覺當時日本男性的服裝逐漸西化。《三越時刊》一九〇八年十月號刊登的報導〈西服部與其他賣場擴大〉，提到該年四月起，文藝復興風格的三層樓臨時門市開幕，西服部原設立於室町，但在十月一日遷移至臨時門市，擴大規模，令人「耳目一新」，且同時備有「披風大衣、外套、背心、防雨大衣」等成衣，以服務急需衣物的顧客。部門規模擴大，想必就是因為需求與日俱增。

三越吳服店在西服部成立兩個月之後，也就是一九〇六年十一月，聘請了來自倫敦西區這個紳士服發源地的亞歷山大．米契爾擔任裁縫主任，同一個月，西服部的裁縫工廠在日本橋落成。由於西服逐漸「普及全球」，因此必須雇用在流行中樞親眼見識過的人物來推動男性服裝西化，此舉不僅意味著為日本帶來流行尖端的資訊，同時代表其正在摸索適合日本人體型的西服剪裁。

10 男性的正式和服。

亞歷山大・米契爾的頭銜是三越西服部技師長，他曾於《三越時刊》發表〈美國今年春季流行〉（《三越時刊》，一九〇九年四月號）一文，提及全球流行變化最為多端的是美國，新的剪裁與圖案都來自那裡。其時美國最顯著的流行是晨禮服，歐美男士夜晚最正式的服裝是燕尾服，無尾禮服較為隨意，至於晨間的禮服則是長外衣。晨禮服的英文又稱「Cut-away Frock Coat」，顧名思義，是剪去長外衣前方下襬以便騎馬，進入二十世紀後，晨禮服便逐漸取代了長外衣。米契爾發表這番談話當時，晨禮服與長外衣還勢均力敵，他認為理由在於「美國社交界喜愛簡便輕快的服飾」。

左圖是米契爾在〈西式禮服〉（《三越時刊》，一九〇九年十月號）中介紹的三種禮服，圖右是長外衣，下襬敞開如同鈴鐺；中間下襬呈明顯斜裁角度的是晨禮服，兩者都是收腰剪裁，十分貼身。相較之下，圖左的三件式西裝長度較短，稍顯寬鬆。英國的服裝規矩比美國嚴格，但相較十九世紀後期的維多利亞王朝，其實已經逐漸簡化，而日本的陸海軍雖然必須遵守嚴格的服裝規定，然而一般社會大眾畢竟接觸西服不久，出席典禮等場合時對於服裝的說明往往只是「羽織袴或西服」，並未指定西服的種類，僅有在前往歐美、準備行李時才不得不注意西服的種類。

米契爾在一九一一年六月二十二日回到英國，參加在倫敦西敏寺舉辦的喬治五世加冕典禮——當時他已經在日本待了四年半。〈裁縫主任米契爾返日〉（《三越》，同年十月號）

亞歷山大・米契爾〈西式禮服〉（《三越時刊》，1909年10月號）中介紹的長外衣（右）、晨禮服（中）與三件式西裝（左）。

一文提到，米契爾趁著加冕典禮時返回歐洲，目的是「考察歐洲最新流行之細節」，儘管他原本是西區「一流的裁縫師」，但流行畢竟日新月異，因此必須到當地確認現在的「風情」。然而他並非直接把當地流行帶回日本，米契爾在日本工作期間持續「研究日本人的體型」，因此三越西服部的目標是「吸收世界的流行，加入日本人的喜好，建立日本最新西服的基礎」。

只要分析米契爾回日本後發表的談話〈日本人的西服容易裁剪縫製〉（《三越》，一九一一年十一月號），前述的路線便一清二楚。他表示倫敦是國際化的大城市，居民來自世界各地，人種繁多，不說身高體重，連脖子長度、肩寬與腰圍都五花八門，因此在西區從事裁縫工作並非易事。相較之下，日本人的體型較為統一，比起在西區時容易剪裁、縫製，但是剛開始接下這份工作時，他仍為了做褲子而感到十分困惑。這是因為在歐美會著重便於行走，在日本則必須考慮坐在榻榻米上的情況，加上體型不同，因此不見得能直接引進倫敦的流行。當時英國年輕人正巧風行大格子圖案，偏偏日本人個子小，不適合大格子，直條紋才能顯得又高又修長。

米契爾在西服部草創時期肩負的任務，是為三越吳服店培育日籍裁縫師，推薦員工去留學。〈本店裁縫師近日歸國〉（《三越》，一九一二年五月號）中便介紹了在數年前自紐約裁縫學校畢業的裁縫師坪田千太郎，他曾於西服部工作，但在一九一〇年前往倫敦留學，於倫敦「習得各類紳士的上衣、背心、褲子與短褲之裁縫方式」，畢業後進入倫敦裁縫師門下實際操練，三月學成歸國，回到三越西服部效力。

另外，米契爾也很注重女性的西服，這一點從〈夏季到秋季的婦女西服〉（《三越》，一九一一年六月號）一文中便可以看出。文章開頭說到「本雜誌一次介紹巴黎最新流行之婦女西服以來，獲得大量訂單，應接不暇」，然而穿西服、剪短髮的「摩登女孩」一直要等到一九二〇年代才蔚為話題，一九一〇年代初期的東京都市空間中幾乎不曾出現身著西服的女

1909年9月號《三越時刊》的卷頭照片，是前陸軍上校、企業家小山秋作之女小山喜勢子（右）與佐和子（左）姊妹身著西服的模樣。

性。如同上頁《三越時刊》一九〇九年九月號所刊登的照片，當時西服並非成年女性的衣著，多半是由小山喜勢子與佐和子這樣的小女孩穿著，與其說是日常衣物，不如說是打扮成洋娃娃的道具。

當時西服難以普及，不單純是因為生活空間尚未西化，日本人的體型也是原因之一，〈日本服飾居全球之冠〉（《三越時刊》，一九〇九年三月號）一文便彙整了三越吳服店外國員工埃莉薩夫人的意見。她表示西服「不適合日本女性可愛的體型」，並坦承日本女性穿著西服時多半會「出錯」，由於「穿法不成體統」，看起來就像是「歐美女僕的服裝，不甚美觀」，所以她寧可日本女性穿著「日本傳統的優美服飾」。

26 西式房間、和洋折衷[11]的房間裝飾與杉浦非水、橋口五葉的商業藝術

一九〇七年十二月一日，三越吳服店成立新美術部，為百貨公司的百貨部門新添藝術品。〈新成立美術部〉（《時好》，一九〇八年一月號）一文提到成立的目的有二，一是提供「常設展覽」的功能，故同年即在此舉辦了第一屆文部省美術展覽——只是東京這座都市仍舊缺乏日常欣賞美術作品的場地。另一則是販賣裝飾自家的美術品，過去由個人直接委託畫家，往往曠日耗時；向業者購買，又可能會買到贗品，倘若三越美術部有庫存，消費者便能前去挑選喜歡的畫作。日本畫畫家川端玉章、下村觀山、橋本雅邦與橫山大觀等人的絹本（畫在絹上的書畫），與西畫家岡田三郎助、黑田清輝、橋本邦助與和田英作等人的油畫，在三越美術部一應俱全。

大阪分店在兩個月前——也就是一九〇七年九月十五日成立新美術部，留下了亮眼的銷

11 指融合日式與西式的折衷樣式。

售成績。〈佳作齊聚一堂的畫作室〉（《時好》，一九〇八年三月號）中提到，半年之間賣出的畫作數量「不可勝數」，顧客可以來到畫作室慢慢挑選，無須在乎時間，畫家則藉此獲得穩定收入。因此竹內栖鳳的弦月、川合玉堂的牧童與富岡鐵齋的山水等新作品紛紛匯集到三越，再送往消費者家中，擺設在玄關或壁龕。

當時的官廳與公司多半是紅磚蓋成的西式建築，辦公室會採用辦公桌與椅子，個人經營的商店也出現越來越多西式建築，但一般住宅則尚未西化。儘管如此，消費者對於畫作的需求除了日本畫，依舊包含西畫。三越加工部主任林幸平在〈折衷式室內裝潢〉（《三越》，一九一二年一月號）中提到為何消費者需要西畫：「許多人想將自家的房間改建成西式，亦即中流以上階級、社交活動頻繁的紳士，會希望至少客廳兼書房與餐廳是西式空間。然而由於窗戶與壁爐等要素影響，要徹底改造為西式空間，就必須和過往的日式主屋分開，加上西式建築比起日式建築需要更多經費等經濟層面的問題，所以一般人會選擇將日式房屋中的部分空間西化

林幸平在〈折衷式室內裝潢〉（《三越》，1912年1月號）中介紹和洋折衷的客廳。

——也就是建築會出現和洋折衷的需求。」

接著就來看看何謂和洋折衷的房間。例如右圖就是當時的客廳，建築本身是日式房屋，右側看得到壁龕，中間與左側後方是瓦斯暖爐，上方有鏡子，地板還是榻榻米，上面鋪的卻是「土耳其圖案」的大地毯，且地毯上置放西式桌椅，可以在這裡坐下，西畫家的油畫掛在這個房間裡，絲毫不顯突兀。而三越也會提供「西式房間」的樣品屋給顧客參考，〈英國農舍〉（《三越》，一九一二年十一月號）一文便報導三越的露台展示著英國「別墅風格裝飾」的樣品屋，具體來說，包含餐廳、書房、閱讀室與吸菸室，且從進口的暖爐、餐桌、書桌、椅子、書架、地毯、壁紙到窗簾都清楚標示價格。

三越吳服店不單經常在美術部擺設作品，還會舉辦各類展覽，〈第一屆西畫小品展覽〉（《三越》，一九一二年六月號）中便介紹了這場從五月十日開始的展覽，並提及供給與需求雙方都希望「透過三越來銷售（購買）西畫」。此次參展的畫家是岡田三郎助、黑田清輝、藤島武二與和田英作等共二十九人，畫作一百四十六幅。展覽一開幕，部分畫作立刻售出，會期中期便賣出了一大半。展覽特意取名「小品」，是因為三越彙整顧客的意見，委託西畫家創作「同時適合和洋折衷與日式房屋室內空間的小品畫作」（〈第四屆西畫小品展覽〉，《三越》，一九一三年十月號），由西畫家根據合適的作品主題與大小來作畫。

一九一二年十一月十二日，《讀賣新聞》的報導〈三越西畫小品展覽〉提到第二屆展覽

《三越展覽畫集》（1913年4月，山田芸艸堂）收錄的鏑木清方的〈八橋圖〉。

的參展畫作增加了，畫家共四十多人，畫作多達兩百八十幅，大多為油畫，水彩畫約三十到四十幅，且都適合「裝飾日式空間」，價格則控制在三圓到二十圓，「連我們這些書生都有些心動」。三越舉辦的畫展當然不限於西畫，右圖是知名日本畫畫家鏑木清方的作品〈八橋圖〉，收錄於三越吳服店新美術部編纂的《三越展覽畫集》（一九一三年四月，山田芸艸堂），畫集中的其他作品也都是日本畫。無論是西畫還是日本畫，之於三越，都是裝飾室內的商品。

當住宅的一部分改成了西式或和洋折衷的房間，自然必須購買西式家具。《三越》一九一三年四月號刊登了〈家具設計徵稿〉一文，開頭表示「本店西式家具與附屬裝飾品方才製造販賣沒多久，託顧客的福，生意已蒸蒸日上」。由於對西式家具的需求與日俱增，三越家具飾品部於是徵求「西式書房之書桌椅與和洋折衷房間亦可使用之書架等商品」，並在下一號發表募集的結果。〈家具設計徵稿決賽〉中報導當時參賽人數多達八十二人，且多半有製造家具的經驗，或是職業學校的學生，此外並從五月一日開始，在三越三樓展示優秀的投稿作品。

西化的風潮當時從房間與家具，擴大到了所有美術工藝品。《三越》一九一三年五月號除了〈家具設計徵稿決賽〉，還有一篇公告是〈富本津田兩人工藝試作品展覽〉。富本憲吉曾在東京美術學校學習室內裝潢，由於受到英國設計師威廉．莫里斯（William Morris）的設計啟發，於一九〇八年留學倫敦，並參與了美術工藝運動（Arts and Crafts Movement）。津田青楓則在關西美術院學習日本畫與西畫，於一九〇七年留學巴黎，受到了運用鋼鐵與玻璃等材料的新藝術運動影響。兩人在歐洲新藝術運動的薰陶之下，製作了兩百多件「各種工藝試作品」，於五月一日到六日在大阪三越展出。除此之外，三越也定期舉辦「美術及美術工藝品展覽」，展示雕塑與金屬雕刻等作品。

這些活動都是定期或同期在三越吳服店內舉辦，而非只舉辦一次便銷聲匿跡。以一九一二年十一月號的《三越》為例，便同時刊登了〈英國農舍〉、〈第二屆西畫小品展覽〉與〈第三屆美術及美術工藝品展覽〉公告。顧客可以參考西式房間的樣品屋，挑選掛在牆上的西畫與室內的裝飾品。除了家具、繪畫與裝飾品，同一期雜誌還刊登了〈開始銷售成套西式餐具〉一文，表示西式餐點在數年前都還得上西餐廳才吃得到，近來卻是「中流以上的家庭幾乎都懂得如何烹飪西餐」。三越餐具部見西式餐具營業額日益增加，於是決定銷售成套的進口歐洲餐具——把自家餐廳改成西式裝潢的家庭，應該就會經常使用這些餐具吧。

雜誌《三越時刊》與《三越》，其實也都很適合用來裝飾西式與和洋折衷的空間，擔任這些刊物封面設計的，是深受新藝術運動吸引的設計師杉浦非水，他於一九〇八年二月接受三越吳服店委託，擔任三越的設計師，負責設計公司宣傳雜誌的封面。一九一〇年一月，三越圖樣部從設計部獨立，由杉浦擔任圖樣部主任；一九一二年三月，日比谷圖書館還匯集杉浦的作品舉辦「書籍設計雜誌封面展」，可見包括三越公司誌的封面在內，杉浦的設計相當受人矚目。黑田清輝在〈杉浦的封面畫〉（《三越》，同年五月號）一文表示，數年之前，封面畫通常「與內容毫無關係」，卷頭插圖不過是「畫畫和上色」，但他卻對杉浦的設計讚不絕口，表示與過往的路線迥然不同。下頁右圖是《三越》一九一三年二月號的封面，看來放在餐廳或書房桌上也絲毫不突兀。

黑田清輝在文中提到杉浦留學海外時曾研究過書籍設計，也辦過展覽，日比谷圖書館的企劃卻是他首次在日本嘗試舉辦封面相關展覽。除了杉浦非水，設計師橋口五葉也曾受到新藝術運動影響。一九一一年二月，三越舉辦海報徵稿比賽，橋口的〈此位美人〉獲頒頭獎。〈三越廣告徵稿審查結果發表〉（《讀賣新聞》，同年二月二十八日）一文報導當時投稿件數共三百零一件，橋口的作品脫穎而出，獲得的評語為「以廣告畫而言，設計新穎，裝飾畫

三越吳服店於1911年2月舉辦海報徵稿，獲得頭獎的是橋口五葉的〈此位美人〉。

杉浦非水設計的《三越》1913年2月號封面。

風格強烈」。其「設計」之所以新穎，在於「畫面中心為現代美女，手上的繪本則描述古代的故事」。三越的時尚和其與歐洲世紀末藝術連結的形象一同傳播了開來。

第五章

日本近代的「兒童」與「新女性」

27 兒童博覽會的國際性與對地方的影響

三越在文藝復興風格的三層樓建築設立臨時門市一年之後，也就是一九〇九年四月一日到五月十五日，又在門市舊址的廣場設置了特別展場，舉辦兒童博覽會。《三越時刊》同年三月號的報導〈舉辦兒童博覽會之宗旨〉指出，博覽會的目的在於「收集古今東西」兒童不可或缺的「衣物、日用品與娛樂物品，並且募集特殊的新穎產品，向社會大眾展示，為明治時代的現代家庭增添清新風情」。這場兒童博覽會的會長是日比翁助，顧問則是巖谷小波，兩人會針對參展的優秀「新產品」頒贈紀念獎，此外還有評審委員十二人，包括黑田清輝、菅原教造、高島平三郎、塚本靖、坪井正五郎與新渡戶稻造等流行會成員，兒童博覽會之所以得以舉辦，流行會可說發揮了重要功能。

兒童博覽會正式開始的十二天前，亦即三月二十日的《讀賣新聞》，以〈三越舉辦兒童博覽會〉一文介紹準備的狀況。當時工作人員不分晝夜全力趕工，好於二十五日完成會場布置，而參展的店家超過五十家，會場內設有音樂堂、表演堂、餐廳、遊戲場、休息室與醫務室。表演堂可容納四百人，將在此表演童話劇、劍舞，並舉行兒童演講，此外中庭還設置了噴水池。兒童博覽會的展品不限於日本產品，如前往倫敦出差的店員就收集了歐洲各國的「遊戲器（玩具）」，正在送往日本的途中，「北海大熊」與「台灣鼠」等動物也紛紛跨海而來，想必都能逗孩子們開心。

「不將自我文化視為絕對」的前提，就是去了解他者的文化，兒童文化也是一樣——進口歐洲的「遊戲器」，會使日本玩具業界受到刺激而出現變化；認識「外地」的動物，會讓人進而重新思考「內地」的風土氣候。〈博覽會各色展品〉（《讀賣新聞》，一九〇九年四月二日）中如是報導農商務省博覽會課長山脇春樹在開幕典禮上的致詞：「法國的教會備有各類玩具，當父母請教會送玩具給十歲孩童時，教會便會為其挑選合適的品項。然而，日本至今卻尚未系統性地收集玩具。」另外，新渡戶稻造也引用日本俗諺「背上的孩子在渡河時會告訴大人哪裡是淺灘」[1]，說明「應當重視少年少女」，這場博覽會的目標正是進一步關心兒童，開發玩具等兒童用品。

想要達成這樣的目標，就需要海外經驗豐富的流行會會員協助。兒童博覽會所展示的玩具除了三越店員在歐洲收集的商品，還包括流行會成員提供的收藏，例如巖谷小波提供的是

譯註

1 意指長輩受教於晚輩。

俄國製的不倒翁。〈各國的不倒翁〉（《讀賣新聞》，一九〇九年四月八日）一文報導，巖谷的不倒翁是「橡膠製品，身著灰色外套，戴著防寒的帽子，圓滾滾的肚子像啤酒桶」，雖然不清楚是從哪裡買來的，不過巖谷曾在一九〇〇年前往柏林大學擔任附屬東洋語學校的講師兩年，的確有機會收集國外的玩具。這篇報導同時提到塚本靖提供的紙不倒翁來自新加坡，脖子會動。塚本是建築師兼東京帝國大學副教授，也曾經造訪歐洲與大清帝國考察工藝品設計。

流行會會員持有的國外兒童用品不是數件或數十件而已，〈映照純潔心靈的東京——京都少年旅行團參觀東京市區〉（《讀賣新聞》，一九一一年八月六日）一文報導一少年旅行團參觀三越吳服店，聽說外國百貨公司連喪禮都包辦而大吃一驚，又聆聽三越少年音樂隊演奏「從未聽過的樂曲」而「如痴如醉」，在他們心中，參訪東京或許正是邁向未知世界的通道。一行人之後前往位於高輪的巖谷小波家，觀賞其陳列於書房的玩具，可能因為他是馬年出生，所以擺設了超過五百個來自世界各地的馬玩具，兒童博覽會的展品不過是他收藏的一小部分。

第一屆兒童博覽會在一片盛讚中畫下句點，於是三越日後又多次舉辦相同活動。第二屆兒童博覽會在隔年四月一日開幕，〈第二屆兒童博覽會前記〉（《三越時刊》，一九一〇年四月號）一文刊登了「兒童博覽會圖」，下面就來看看這幅畫，確認會場的景象吧。兒童博覽會辦在三越吳服店旁，面向道路那一側的中央是正門，門上畫了一顆大桃子，搭配久保田米齋上色的桃太郎，高約十八．二公尺。大門與圍牆模仿《桃太郎》故事中鬼島的樓門，正門兩側繪有「城堡被搶走的青鬼與赤鬼」，圍牆上畫的則是桃太郎的隨從狗、雉雞與猴子。但是這座正門不是用來進出的，想進入博覽會必須走進三越吳服店後再左轉，映入眼簾的就是展場，陳列著兒童的玩具與衣物等。

《三越時刊》一九一〇年五月號刊登了三越吳服店與兒童博覽會會場的平面圖，圖面右側是三越吳服店，標示著「樓下」、「二樓」與「三樓」，左側則是博覽會會場，對照下頁平面圖與下方的〈兒童博覽會圖〉亦可知圍牆內側是展場，分為教育、服飾、保育與玩具四個部門。跟隨箭頭標示進入展場，平面圖左後方是銷售展品的攤位，往前進就會來到林幸平參考「英國綠園」設計的餐廳。餐廳內種植「西洋花草」，後方亦模仿倫敦的公園，讓來客得以沉浸於同年五月在倫敦開幕的英日博覽會氣氛中，品嘗「日本最棒的黃米糰子」。日本女子商業學校的數十名女學生在學校學習了散壽司等餐點的作法，也來餐廳輪班烹調供餐。

聳立於兒童博覽會圖正中央的，是寬約五十四．五公尺的富士山，近處是箱根，畫面重現了從御殿場遠眺的景色，此外還有蒸汽火車模型冒出白煙，朝隧道前進。日本第一架飛機升空，是在八個月之後的一九一〇年十二月十九日，由曾在法國學開飛機的德川好敏大尉於代代木練兵場駕駛他帶回日本的亨利法爾曼（Henri Farman）雙翼機，飛行到七十公尺的高度，此時距離萊特兄弟完成首次飛行已經過了七年，而畫中的雙翼機與飛船則都早德川一步，在富士山山腳翱翔。畫中出現了各類交通工具，試圖藉此吸引兒童對當時的「科學實際知識」產生興趣。

這幅畫特意放大的是富士山背後的火車。根據平面圖看來，走上餐廳右側的樓梯便能抵

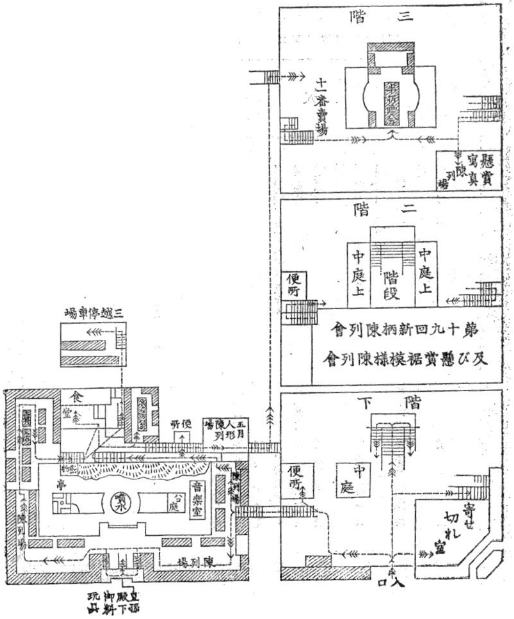

上：三越吳服店與第二屆兒童博覽會會場平面圖（《三越時刊》，1910年5月號）。
下：〈兒童博覽會圖〉（《三越時刊》，1910年4月號）。

達三樓的「三越站」，這個車站並獲得鐵道院協助，展示了兩輛一個車廂有兩個轉向架的列車。從《三越時刊》一九一〇年五月號刊登的照片可知，列車的名稱為「東海道遊覽火車」，坐在坐位上便能眺望東海道沿線風景。該雜誌刊登的另一篇報導〈第二屆兒童博覽會盛況〉提及博覽會第一天人潮洶湧，首位客人在上午四點五十七分便已抵達會場，七點開放入場，會場瞬間人滿為患。到了中午，餐廳的餐點銷售一空，店員連吃飯的時間也沒有，最後只得在下午三點打烊，婉拒顧客入場。

「東海道遊覽火車三越站」（《三越時刊》，1910年5月號）。

兒童博覽會具備國際性質，聚焦於他者（西方）身上反映出的自我（日本），例如〈兒童博覽會頒獎儀式〉（《讀賣新聞》，一九一〇年五月六日）一文報導，高島平三郎提及當時日本玩具的出口金額突破一百萬圓，僅次於德國，但是他在〈產品所感（第三屆兒童博覽會頒獎典禮）〉（《三越》，一九一一年六月號）中卻指出雙方的玩具品質有所差異。德國等西方製造的玩具多半是精巧的機械，人偶會跳舞或是拉小提琴，「一般工藝」必須有長足進步才可能做到這種程度，所以希望日本工藝界也能開發新技術。

三越吳服店的兒童博覽會始於一九〇九年，在三越還是臨時門市時每年會定期舉辦，活動場地不限於東京。巖谷小波在〈關西故事巡迴演講〉（《三越》，一九一一年六月號）中提到自己四月十二日到十三日前往名古屋出差，在伊藤松坂屋的兒童博覽會上登台演講，接著在滋賀縣野洲的小學演講，又於十五日到十六日前往大阪進行了兩場演講，分別是在帝國座舉辦的《少女世界》讀者大會，與大阪故事俱樂部在箕面的動物園所舉辦的少年少女大會，隔天則是前往守山與京都演講，於十九日回到東京。博文館所發行的《少年世界》、《幼年世界》、《少女世界》與《幼年畫報》，都是由巖谷擔任主筆，十九世紀末到二十世紀初，少年與少女雜誌蓬勃發展，帶動兒童博覽會大受歡迎。

受邀前往地方演講的不僅是巖谷小波。一九一一年五月十六日起，在松江有連續兩週的兒童博覽會，高島平三郎與武田真一也以三越兒童用品研究會代表的身分前往。當時在安來站迎接他們兩位的是兒童博覽會委員牛尾軍太郎，牛尾曾為了參觀同一年舉辦的第三屆兒童博覽會而前往東京考察了四天。武田在〈出雲紀行〉（《三越》，一九一一年七月號）中提到，這場博覽會的表演節目包括松江市各所小學的聯合運動會，參加人數多達五千人，且每個會場都人潮洶湧，進場還得大費周章；而高島在市公所演講時，有以女性居多的觀眾六百人參與，可說人滿為患，他於〈旅行感想〉（出處同前）一文中就提到，在地方舉辦的兒童博覽會以松江最為成功。

28 桃太郎與海事思想

在第二次兒童博覽會於一九一〇年四月一日開幕之前，桃太郎在日本便已蔚為話題。〈三越兒童博覽會——快樂春天別有洞天〉（《讀賣新聞》，同年三月十五日）一文報導，「圓頂建築是會場的正門，上方正是成熟的紅通通大桃子，位於圓滾滾的桃太郎雙腿之間。環繞會場的圍牆上有正在奮鬥的隨從猴子、狗與雉雞，正門下方蹲坐著兩隻鬼島的妖怪，身體縮得小小的」。這畢竟是兒童博覽會，因此兒童所熟悉的民間故事人物出現在正門一點也不奇怪——但為什麼偏偏是桃太郎呢？一八九〇年代，博文館出版的「日本民間故事」系列共有二十四冊，收錄了《開花爺爺》、《剪舌麻雀》、《喀嚓喀嚓山》、《文福茶爐》、《浦島太郎》與《一寸法師》等，是許多孩子耳熟能詳的

第二屆兒童博覽會的購物袋。中間是桃太郎，旁邊是雉雞、狗與猴子（《大三越歷史照片帖》，1932年11月，大三越歷史照片帖刊行會）。

故事。

桃太郎的故事原型可以追溯至江戶時代初期或室町時代末期，故事情節又有各種版本，從桃子裡蹦出來的桃太郎前往鬼島打妖怪，帶著黃米糰子賞給隨從狗、猴子與雉雞的版本，於一八八七年收錄於日本的國定教科書，七年之後作為「日本民間故事」的第一冊出版，因而普及。當時巖谷小波負責彙整「日本民間故事」系列，在〈我們的桃太郎〉（《三越時刊》，一九一〇年五月號）文中主張：「我多年以來推廣建設桃太郎的銅像！的確，西鄉隆盛也行，井伊直弼亦可，然而考量國民教育，我堅信比起前兩位，在日本全國各地設立桃太郎的銅像，對今後負起新日本前程的未來帝國臣民——亦即現在的少年少女——培養積極進取的心態效果卓越。」

就巖谷小波設置銅像的主張看來，或許會以為在兒童博覽會設置桃太郎人偶是他的發想，但其實一九〇九年八月時巖谷人在美國，當時提出這項構想的是建築師塚本靖，而日比翁助會長等所有兒童博覽會的評審委員也一致同意。巖谷長期以來提倡「桃太郎主義」，據說他聽聞這項決議後滿心歡喜，「心情舒暢」。他在〈我們的桃太郎〉中提到，《開花爺爺》、《剪舌麻雀》、《猴子與螃蟹》、《喀嚓喀嚓山》都「堅持勸善懲惡，教誨過於消極」，相較之下，《桃太郎》則是「徹頭徹尾積極向上」，比其他故事都富含教育意義。

對於現在還是「少年少女」、未來將成為「帝國臣民」支撐日本的人來說，「積極進取的心態」究竟代表什麼意義呢？將〈我們的桃太郎〉和筆名「故事外史」的作者所寫的〈桃太郎萬歲〉（《三越時刊》，一九一〇年六月號）一併閱讀，便能更加了解這句話的含意——當會期一個半月的兒童博覽會結束之後，故事外史發表了一篇散文，抒發對桃太郎的不捨之情。他提到桃太郎「左手持日本第一的旗幟，舉起的右手威風凜凜，瞪視妖怪城堡的大門」，並對他呼喊：「要是沒有你，我們想必贏不了俄羅斯，也會輸給中國吧！」倘若以中日戰爭與日俄戰爭的脈絡來解釋桃太郎跨海打妖怪的行動，那麼「積極進取的心態」，指的就是計劃擴張帝國的心態吧。

一九一一年的第三屆兒童博覽會是以海洋為主題，〈第三屆兒童博覽會頒獎典禮盛況〉（《三越》，同年六月號）刊登了顧問巖谷小波的致詞，提到這一屆的場地較去年稍微狹窄，因此開挖地下以擴大空間。而上次「占領空中」的是桃太郎，這次則讓賢給「流行的飛機」，並在地下空間展示海洋主題。日本是「海洋國家」，因此「以海洋為主題」製作了三保松原的風景，又演出戲劇《龍宮故事》，此外兒童「工藝」徵稿也是以海洋為主題，為了促使兒童「發展海事思想」，兒童用品研究會還編纂了海洋相關的繪本。

所謂的「海事」一詞，用途廣泛，泛指所有與海洋相關的事務，但實際核心還是以海運、船舶與船員為主。一八七〇年代以來，帝國主義興盛，海運與鐵路大幅發揮作用。日本儘管落後歐洲列強，仍舊立志建立東亞帝國，由於是四周環海的島國，因而發現發展海運與推廣海事思想是當務之急。高島平三郎在〈兒童博覽會感想併參考室解說〉（《三越》，一九一一年六月號）中提到，「西方諸國自不待提，本土以外之琉球、台灣與朝鮮等領土」的兒童服飾，陳列於參考室有助於比較研究。這是由於前一年八月簽訂了《第二次日韓協約》，韓國已經成為日本的殖民地，想要更加擴大殖民地，先行條件正是發展海事思想。

第三屆兒童博覽會以海洋為主題，便是基於海事思想日漸興盛。高島平三郎以外的評審委員所發表的文章也呈現相同理由，如東京帝國大學教授斯波忠三郎之所以獲選為兒童博覽會評審委員，應該就是因為他既是船舶工學家，又是海軍大學校教授。斯波自一八九九年以降曾留學英國、法國與德國兩年，他在〈借助專家智識〉（《三越》，一九一一年六月號）一文表示，走進倫敦的海德公園與巴黎的公園等處，看到兒童在水池以玩具帆船競賽，雖然不過是遊戲，但在熱切投入比賽的過程中，就會進而開始研究風帆與風，或許能因此促進「發展海事思想」。

女子高等師範學校教授宮川壽美子（婚後更名為大江壽美）也曾長期旅居歐洲，是在一九〇二年由文部省派遣到英國留學四年，於貝德福德學院（Bedford College）鑽研社會衛生學，留學期間她想必也實際體驗過倫敦廣闊的公園吧。宮川在同期的《三越》發表〈第三屆兒童博覽會參展〉一文，提到女性與兒童會在攝政公園與海德公園等地的水池享受划船的樂趣，要是日本也在不忍池與芝公園提供划船這項娛樂，對推廣「海事思想教育」應該有所裨益。只不過在倫敦公園的水池裡玩玩具帆船與划船，當然培養不出海事思想，兩人不約而同回想起倫敦的公園，應該只是因為這屆兒童博覽會是以海洋為主題，身為評審委員的他們在留學的記憶中搜尋日本要「發展海事思想」還缺了什麼時，才因此想起公園的水池吧。

東京美術學校教授黑田清輝曾於一八八四年留學法國十年，也是這屆兒童博覽會的評審委員。他在〈海洋兒童博覽會〉（《三越》，一九一一年六月號）中提到，「儘管日本獲得許多新領土，想前往氣候風土不同於過往的地區，依舊得跨海方能抵達。不管提出什麼理由，日本人都需要海事思想，且必須自行培養」。中日戰爭結束後不久，應當緊急開發國外航線的聲浪便日益高漲，帝國議會在一八九五年二月通過增加航線與保護船舶的建議法案。根據《日本郵船株式會社五十年史》（一九三五年十二月，日本郵船）可知，開發國外航線成為當務之急的理由有二：一是「軍事目的」，日本因為中日戰爭發現戰時的海運能力約不足四十萬噸；二是「商業目的」，一八九四年進出日本的貿易船當中，外國船隻占總噸數的百分之八十八，承載的貨物量占九成，而日本船隻僅占一成左右。

日本郵船因應擴大海運的要求，決定開設三大航線（歐洲、美國與澳洲），訂購十八艘汽船。在英國貝爾法斯特（Belfast）建造的土佐丸（五四〇二噸）成為歐洲航線首航的船隻，於一八九六年三月從橫濱出發；五個月之後，也就是同年八月，在英國桑德蘭（Sunderland）製造的三池丸（三三〇八噸）成為美國航線首航的船隻，從神戶出發前往西

上：正停靠在西雅圖港口的三池丸。
下：三菱造船廠製造的常陸丸（皆出自《日本郵船株式會社五十年史》，1935年12月，日本郵船）。

雅圖；接著是兩個月之後的十月，在英國紐卡斯（Newcastle）製造的山城丸（二五二八噸）成為澳洲航線首航的船隻，從橫濱開往墨爾本。一如這三艘船，總噸數超過一千噸的鋼鐵船隻，都是英國的造船廠所製造的，而當時日本正試圖迎頭趕上征服七大洋的大英帝國。

黑田清輝旅居法國十年之間，日本郵船的歐洲航線連個影子也沒有；斯波忠三郎出國留學是在歐洲航線開航三年之後，宮川壽美子則是在六年之後。經歷中日戰爭，日本的造船能力急速發展，針對歐洲航路，從一八九八年起共推出了六千噸級的新船十二艘，其中鋼材製造的常陸丸（六一七二噸）與阿波丸（六三〇九噸）是由位於長崎的三菱造船廠所製造。除了三大航線，亞洲地區也陸續開設新航線，日本郵船的第一條遠洋航線則是在一八九三年十一月開往孟買。

鎖定大阪郵船與日本郵船在十九世紀末到二十世紀初的主要近海航線來看：首先是十九

世紀末，大阪商船在一八九七年開始行駛神戶基隆航線、台灣東迴沿岸航線、台灣西迴沿岸航線與基隆打狗航線；一八九八年開通上海漢口線；一八九九年開通淡水香港線、神戶牛莊線；一九〇〇年開通香港福州線。日本郵船則於一八九九年開始行駛神戶北津線、上海天津線；一九〇〇年開通長崎香港線、神戶韓國華北線。接著是二十世紀初的第一個十年，大阪商船於一九〇二年開始行駛橫濱打狗線、廈門石碼線、廈門同安線；一九〇五年開通大阪大連線、淡水福州線；一九〇六年開通大阪天津線；一九〇七年開通海參崴直航航班。日本郵船則於一九〇三年開始行駛上海漢口線；一九〇五年開通橫濱華北線、橫濱打狗線；一九〇六年開通神戶大連線、橫濱漢口線、橫濱牛莊線；一九〇九年開通神戶上海線；一九一〇年開通神戶基隆線。一九一一年舉辦的兒童博覽會以「海洋」為主題，海事思想成為焦點的理由之一，一方面在於日本相較於歐洲列強的落後，另一方面則為其在亞洲的急速發展。

29 兒童用品研究會、玩具會與尚武精神

那麼，一九一一年舉辦第三屆兒童博覽會之際，負責編纂海洋繪本的兒童用品研究會又是始於何時呢？一九一〇年五月五日，第二屆兒童博覽會在會場內舉行頒獎典禮，〈兒童博覽會頒獎典禮〉（《三越時刊》，同年六月號）一文介紹了顧問巖谷小波在典禮上的致詞。他表示前年第一屆兒童博覽會閉幕之際，他們成立了兒童用品研究會，持續研究兒童用品，傳承經驗，免得博覽會淪為一時的活動。〈來賓高島平三郎的演講〉（同號）則提到高島延續巖谷致詞的內容，提及兒童用品研究會的意義，認為參考畫家湯淺一郎在歐洲收集的兒童用品，便能開發兒童用的新圍裙與鞋子等用品。

談妥將持續進行兒童用品研究後約一年，也就是一九一二年二月十五日，八名兒童用品研究會的會員從新橋車站搭上了前往神戶的快車，目的是參觀大阪的兒童博覽會並舉行演講。這八名成員分別是巖谷小波、柴田常惠、菅原教造、高島平三郎、武田真一、坪井正五郎、日比翁助與松居松葉，他們在位於高麗橋的三越吳服店大阪分店舉辦兒童用品研究會演講，當時湧入了四百名聽眾。松居駿河町人在〈京阪遊記〉（《三越》，同年四月號）中提

到，日比在「開會致詞」時如是介紹兒童用品研究會：兒童用品研究會創立於一九一〇年，辦事處位於三越，成立目的在研究、改良與普及兒童用品。這是「學俗攜手合作的事業」，目前正把「日本原有的玩具」送往德勒斯敦的博覽會參展。

一行人結束演講的隔天，便前往第二北野小學參觀少年劍術，接著來到大阪每日新聞社，先行確認報社舉辦的玩具徵稿所收到的三百多件玩具，以利之後的審查作業。由於當天

上：〈第二屆兒童博覽會最後一天門庭若市〉（《三越時刊》，1910年6月號）。賣場裡掛著寫上「會出來什麼樣的玩具呢？」的布告。
下：巖谷小波設計的木製相框「童話故事喀嚓喀嚓山」（《三越》，1911年9月號）。下方是殺了老婆婆的狸貓，上方是幫助老爺爺的兔子，中間的照片則是一名穿著西服的小女孩。

同時預定向參加「兒童故事會」的兒童進行演講，一行人又移動到三越的大阪分店，因為是「針對兒童，平易近人的有趣故事」，氣氛不同於前一天的演講。是日晚上，眾人出席兒童博覽會主辦的晚宴，與教育界人士、報社記者交流後前往京都，在第三天拜訪京都大學，參觀中國挖掘的土偶與在埃及出土的文物。接著前往三越京都分店，參觀染色工廠後舉辦演講，八百名觀眾當中，有不少人是西陣的染織名家，菅原教造分享的「色彩的故事」尤其獲得好評。

旅行關西三天所舉辦的演講、審查、交流與參觀，揭示了兒童用品研究會的活動內容，然而，日比翁助在開會致詞時提到的「德勒斯敦的博覽會」指的又是什麼性質的活動呢？一九一〇年十二月二十日，《讀賣新聞》有一則短短四行的報導〈三越玩具展示〉寫道：「今日下午兩點至四點，三越吳服店內展示參加明年春天德勒斯敦博覽會的日本玩具，一共七十七件。」

這場博覽會的正確名稱是「世界衛生博覽會」，根據一九一一年七月發行的《藥學雜誌》第三百五十三號刊登的報導〈德勒斯敦市舉辦之世界衛生博覽會日本館〉，提到日本館於五月二十三日開幕，展示「與保健衛生直接或間接相關之展品」。館內共分為十區，分別是「土地與氣候等」、「住家、供給用水與埋葬」、「營養與食物」、「衣物與身體衛生」、「傳染性疾病」、「職業與照顧交通事故病患」、「兒童關懷與學校衛生」、「歷史分類」、「陸軍」與「海軍」，並且設置立體透視模型，其中「兒童關懷與學校衛生」區的展品包括「家庭之玩具與教育方式」，三越寄去的「日本玩具」應該就是展示在這一區吧。〈兒童用品研究會展品大受好評〉（《三越》，一九一一年九月號）一文揭露了寄生蟲學者宮島幹之助於七月二十日從德勒斯敦寄給兒童用品研究會成員武田真一的信：「關於兒童的展品引人矚目，我每天講解展品講到嘴巴都酸了。多虧你寄來的目錄與說明，實在受益良多。」可見宮島的任務應該是負責向前來參觀的民眾解說。信中同時提到「本博覽會亦有兒童部，多半展示學術調查成果，缺乏像日本這樣收集一般玩具的攤位，貴會的展品成為日本館特色之一，實在可喜」，亦即展示時不單單以文字說明，連同玩具一併陳列，這一點令人留下深刻印象。

從美國麻州的克拉克大學（Clark University）教育博物館寄的洽詢信看來，亦可知宮島幹之助的信並不是恭維之詞。〈克拉克大學與兒童用品研究會〉（《三越》，一九一二年四月號）一文提到，參加德勒斯敦世界衛生博覽會的展品不是七十七件，而是六十多件，而教育博物館想收藏其中部分玩具，因此去信詢問價格。由此可知，兒童用品研究會的工作還包括向國外宣傳，而且也獲得了迴響，並不只是單方面宣傳。〈三越的玩具展覽〉（《讀賣新聞》，一九一一年十二月四日）中提到玩具展覽始於同月一日，共展示一百多件玩具，包括漢堡製造的音樂盒等等，除了收集國外玩具加以研究之外，也收集日本的玩具寄往國外，進行雙向交流。

製作玩具與採用訂閱制的方式銷售玩具也是兒童研究會的活動內容之一，因應這兩項服務而成立的組織則是「玩具會」。〈三越玩具會〉（《三越》，一九一二年六月號）一文說明會員只要繳納每個月一圓的會費，便可從七月開始收到玩具會所挑選的「新設計玩具、曾經盛極一時且適合現代的玩具、具備地方特色的玩具，以及適合日本國情的國外玩具」，他們會每個月寄送一次玩具，一共寄送十二次。《三越》一九一三年六月號刊登的〈第二次成立玩具會〉中提到，訂閱制開始一年內便收到大量訂閱申請，最後不得不停止招收新會員，又因應大量需求，成立了第二次玩具會，定期提供與第一次會期不同的玩具。三越活用兒童用品研究會的研究成果，進而決定了要製成商品的玩具，這些玩具就在當時的兒童之間廣為流通。

一九一二年十一月二日晚上，玩具會在日本橋俱樂部舉辦演講。〈玩具會演講〉（《三越》，同年十二月號）一文提及，巖谷小波在開幕致詞時說明了兒童用品研究會的觀念——日本長期以來習於將女性和兒童混為一談，是「極為失禮」又「野蠻」的說法，兒童研究的發展，就象徵該國文化的成熟程度，兒童用品研究會自創設以來，召開了一百五十次定期會議，累積了許多研究成果，這幾年來，也向各兒童展與教育用品展出借文獻，玩具屬於兒童用品，而鎖定玩具來研究的，就是玩具會。根據規定，玩具會會在每年春季與秋季各舉辦一次演講，其中一次對象是家長，另一次是兒童，這一天在日本橋俱樂部的演講便是以前者為對象。

針對後者的演講則在一九一三年六月一日的三越兒童博覽會上舉辦。〈兒童博覽會主辦兒童會記〉（《三越》，一九一三年七月號）中報導現場聚集了約一千名兒童與家長，盛況空前。活動中由間宮劇團表演酬神的神樂〈玉之井〉之後，由巖谷小波講述故事〈找手氣〉，接著是養老劇團的魔術表演，以及三越少年音樂隊表演松居松葉譜寫的歌劇。儘管當天傳來為玩具會盡心盡力的坪井正五郎前幾天客死異鄉的驚人消息，兒童會本身還是以歡樂的氣氛作結。

兒童博覽會對於兒童的期待必定包含未來成為「帝國臣民」、背負日本前途，一九一〇年第二屆兒童博覽會上跨海打倒妖怪的桃太郎，就象徵了某種理想的少年形象，隔年第三屆兒童博覽會意識到發展海事思想乃當務之急，因而延伸出一九一二年第四屆兒童博覽會的尚武主義概念。「尚武」意指重視武道與軍事，充實軍備，〈三越的兒童博覽會〉（《讀賣新聞》，同年四月三十日）一文提到，「本

第四屆兒童博覽會的紀念品（《大三越歷史照片帖》，1932年11月，大三越歷史照片帖刊行會）是象徵尚武精神的盔甲。

次主旨為尚武主義，金太郎正是象徵」。

一九一三年第五屆兒童博覽會承襲了尚武精神的概念，〈第五屆兒童博覽會規定〉（《三越》，一九一三年二月號）中有呼籲參展的說明，把預定的展品分為十種項目，包含「建築物、機械、船舶與武器之模型或標本」，會期為四月十五日至五月三十一日，正逢五月五日端午節，也就是日本的男兒節。《讀賣新聞》於同年四月二十七日的報導〈尚武之國的五月〉介紹了三越的新武士人偶，名為「桃太郎迎戰」，把桃子切成兩半，便能看到姿態英勇的「日本最強團隊」。

尚武主義不僅是男兒節的話題，同年十一月九日，三越在日本橋俱樂部舉辦的玩具會演講，由有坂鉊藏演講〈尚武玩具〉（《三越》，一九一三年十二月號），提及了中日戰爭與日俄戰爭，將日本定義為尚武精神最為發達的國家，必須引導兒童培養尚武精神。因此他如此期許三越玩具會與家長：「希望玩具製造商根據當前陸海軍的武裝與各類武器簡單堅固的雛形做成玩具，亦即大量製造大砲、飛機等各類兵器的玩具。各家庭也應當多多使用這些玩具，作為兒童尚武教育之教材。」既然認為近代兒童是桃太郎，要跨海打妖的話，隨身攜帶的自然是近代武器。

30 宿舍、教育與運動會——店員的福利

三越吳服店舉辦的兒童博覽會，漢字雖然寫作「兒童（jidou）」，讀法卻標示為「子供（kodomo）」，一般來說，「兒童」意指小學生，「子供」則是泛指所有孩童，這些孩童不僅存在於顧客家中，在三越店裡也看得到他們的身影。一九一〇年六月二十五日，三越在本鄉弓町興建的「孩童宿舍」完工，隔天的《讀賣新聞》以〈「孩童」的宿舍——三越模範設施〉介紹：「三越吳服店約有九百多名店員，其中有三百一十名稱為『孩童』的少年店員，年齡為十二、三歲到十七、八歲，有些人是少年音樂隊的成員，有些人是騎乘自行車奔馳的跑腿男孩。」這些少年通常是在讀完尋常小學校[2]或是年滿十四歲、完成義務教育之後，進入三越工作。三越為了這群少年，把原本是女子美術學校的四棟兩層樓建築改建為宿舍，讓他們在此共同起居。其中十二間教室改成寢室，兩間教室改成學習室，同時備有衣物室、保健室、餐廳與接待室。少年們在清晨五點由喇叭聲喚醒，整理床鋪、打掃室內，於六

2 相當於初級小學。

《大三越歷史照片帖》（1932年11月，大三越歷史照片帖刊行會）所收錄的「孩童宿舍」寢室。

點出發工作，晚上回到宿舍後則自習到九點，洗完澡後於十點就寢，生活作息相當規律。

上圖收錄於《大三越歷史照片帖》（一九三二年十一月，大三越歷史照片帖刊行會），呈現出當時宿舍寢室的情況，原圖解說是「未來的管理高層與參事就在這群少年當中。三越的精神建立於同寢共食、相處和睦的少年時代」。參考〈三百名孩童的宿舍〉（《東京朝日新聞》，一九一〇年六月二十六日）一文可知，工作三個月或半年的少年屬於「見習生」，日薪二十三錢；能夠「獨當一面的孩童」則有日薪二十五到三十錢，此外每天三餐由三越提供，一天十六錢。以前三越讓少年們從家裡通勤，但是這種作法導致他們需要花費較長時間熟悉工作，因此後來改為在宿舍共同生活。這篇報導提到宿舍是「妥善的設施」，「既是對少年店員的優待，也是一種教育」。

至於三餐的菜色又是如何呢？一九〇五年九月三日的《讀賣新聞》刊登了一篇有趣的報導〈三大吳服店的餐飲〉。三越的外包廠商是伊豆脇，一天會提供十五錢的外送餐點，早餐通常是味噌湯與醬菜，午餐是油豆腐與鹽漬食品，晚餐則是煮豆子與醬菜。看起來似乎很寒酸，不過以一九〇〇年代來說，這樣的餐點應該很普遍。像白木屋委託村田外送，早餐是味噌湯與醬菜，午餐是肉類與醬菜，晚餐是煮豆子與醬菜；大丸則是早餐提供湯與醬菜，午餐是豆腐或滷小芋頭，晚餐只有醬菜。每一家吳服店都大同小異，硬要說有什麼不一樣的話，就是白木屋跟大丸的掌櫃有時候會加些下酒菜。

三越吳服店的宿舍晚上有自習時間，少年們在這段時間都學了些什麼呢？一九〇八年七月二十日，《東京朝日新聞》的報導〈東洋大學校外演講〉介紹東洋大學為「無暇上學的商家店員」發行了《普通商科講義》，進行「店家年輕夥計的教育普及」。三越與白木屋各有約一百名員工成為其會員，東洋大學於是決定前往會員多的地方演講。報導提到第一次演講辦在七月十九日，東洋大學派出了教師中島德藏前往白木屋，而在三越的宿舍，應該也有打開東洋大學講義的少年吧。

三越從三井吳服店時代便開始錄用女性店員，〈東京的女性（二十五）——當代女店員〉（《東京朝日新聞》一九〇九年九月二十三日）報導，「三越從吳服店進化為百貨公司，一切作法都西化而時尚，從九年前高橋義雄擔任理事、日比翁助擔任負責人的時代起，便率先採用女店員」。九年前也就是一九〇〇年，當時還是三井吳服店時代，女性員工的工作內容是接聽電話與檢查縫製好的和服。之後人數日漸增加，工作範圍也逐漸擴大，到一九〇九年九月時已經增加到五十六人，部門橫跨行政、銷售與接待。

這篇報導提及當時負責管理所有女性店員的是任職了七、八年的兩名女性，此外行政部門的電話組、品管組、交付商品組與收發地方訂單組有女性職員；銷售部門由女性負責銷售化妝品、提袋、日用品、襯領、和服腰帶、洋傘、木屐、棉布類、碎布類與贈品類等；接待部門則是安排就職沒多久的女性負責休息室、餐廳與貴賓室。女性員工的學歷不一，包括尋常小學校、女子職業學校與高等女學校的畢業生，工作時間為上午八點到下午六點半，升職後日薪會調漲為五十到六十錢；除了每半年的獎金，月薪通常在三十到四十圓。部分女性員工還會與名人結婚，例如《肉彈——旅順實戰記》（一九〇六年四月，丁未出版社）的作者櫻井忠溫與女員工森田千町共結連理，便成為人人議論的話題。三越極為注重男女員工分際，「不得發生任何差錯」，因此會錯開男女下班時間，當一方因為工作而晚下班時，也會確認回家時間。當時女性外出工作還很稀奇，同時期在白木屋服務的女性店員有三十七人，松屋三十五人，大丸則僅有六人。

一九〇九年十一月六日，三越吳服店全店休息一天，在鎌倉舉辦員工慰勞會。當天光是三越總店的店員便多達七百五十人，附屬工廠員工三百人，加上來賓兩百多人，共一千三百人浩浩蕩蕩地從東京出發。〈三越運動會〉（《讀賣新聞》，同年十一月七日）一文報導，一行人搭乘早上七點四十分從新橋出發的特別列車前往鎌倉，參拜鶴岡八幡宮，再前往由比濱的運動會會場。運動會的第一個項目是男子少年部的兩百碼賽跑，之後是各類競技。活動結束後，女性員工搭乘下午四點四十三分從鎌倉出發的火車、男性員工則搭乘六點四十分出發的火車，分別回到東京。《三越時刊》一九〇九年十一月號推出〈鎌倉員工慰勞會〉特輯，左下圖即為收錄於特集中的兩百碼賽跑場景。

三越吳服店為什麼選擇鎌倉作為以運動會為主的「員工慰勞會」場地呢？日比翁助在〈為何舉辦全店員慰勞會？〉（《三越時刊》，一九〇九年十一月號）中表示其想「在同日

上：雜誌《三越》的裝訂女工工廠（《三越》，1911年8月號）。

下：鎌倉員工慰勞會的兩百碼賽跑（《三越時刊》，1909年11月號）。

同時同地，慰勞所有店員與職工」，因此於考察歐美途中仍舊不斷研究該怎麼執行。日本並沒有「商人的假日」，因此很難安排所有人「同樂」的機會，隨著三越生意擴大、業務日益繁忙，慰勞會已經不能再拖下去了，鎌倉的鶴岡八幡宮是「庇佑源氏武運昌隆」的名勝，因此最後選擇這裡為會場。芝加哥的百貨公司在每天開始營業之前，負責人會召集所有員工一同祈禱，日比想學習這種作法，讓大家一起祈求「生意興隆」，隔天再開始投入工作。

由於參加人數多達一千三百人，光是準備便大費周章。豐泉益三在〈員工慰勞會的設備〉（《三越時刊》，一九〇九年十一月號）中提到，他們在由比濱的會場入口設立大型拱門，建造架有太鼓的高塔，並設置來賓席、樂隊席、相撲會場以及二十二個攤位，這些工程皆委託橫河工務所。除此之外，還必須備妥在海邊施放的煙火與一千多根鞭炮；海上的四十艘漁船則掛滿旗幟，準備進行牽罟；還在一星期之前就著手準備帶殼烤的蝦子與蠑螺。主辦方在事前向一千九百戶人家分發日式手帕與明信片打招呼，為員工慰勞會造成當地喧鬧表達歉意。另外，活動原本預定於十一月三日舉辦，卻碰上伊藤博文過世，在四日舉行國葬，因而延後至六號。慰勞會也歡迎當地居民參加，當天來場人數約為五千到六千人。

三越吳服店隔年一樣在鎌倉舉辦員工慰勞會。〈由比濱的歡樂活動——三越員工慰勞會〉（《讀賣新聞》，一九一〇年十一月四日）一文報導，一行人搭乘車廂二十八節的臨時列車於三日上午九點許抵達鎌倉，人數較去年多出兩百人，合計一千五百人。眾人前往參拜鶴岡八幡宮，神官等人則在舞樂殿表演古雅的舞樂獻給神明，在祈求三越生意興隆、高呼三聲萬歲後，由少年音樂隊吹奏喇叭，引導眾人邁向由比濱。然而戶外活動容易受到天氣左右，當時東邊的天空飄來烏雲，最後下起暴雨，把所有人都淋成了落湯雞，盛裝打扮的女士被安排到旅館躲雨，員工慰勞會宣告暫時中止。不過午餐過後天氣放晴，於是照舊舉辦燈籠賽跑等二十九項競技，其中又以坪井正五郎發明的「郊外花牌遊戲」引發最多迴響。這是由二十名女性店員用顏色鮮豔的紅白兩色帶子綁起和服衣袖，以寬六十公分、長九十公分的大型花牌一較高下。

員工慰勞會成為了三越的定期活動，第三屆於一九一一年十一月三日舉行，但是內容稍作變化，畢竟第二屆時因為天氣惡劣差點中止，因此第三屆便記取了教訓，加上員工人數增加，必須重新挑選合適的會場。〈第三屆三越吳服店全店員工慰勞會〉（《三越》，一九一一年十二月號）中表示，由於海浪沖刷，導致由比濱沙灘的面積逐漸縮小，因此會場轉移到鶴岡八幡宮前的馬場，面積大上由比濱好幾倍。隨著員工人數增加，臨時火車的車廂數量也延長到二十九節，許多店員都沒參觀過鎌倉的名勝古蹟，因此在參拜過八幡宮之後，少年隊與女子隊先前往長谷參觀大佛，方才舉辦運動會。當時舉辦員工慰勞會作為店員福利的，不僅是三越總店，關西的京阪分店也一樣。

31 國木田獨步的遺孀治子與「新女性」

儘管作品數量不多，但文豪國木田獨步的妻子治子在丈夫的鼓勵下開始提筆創作，成為了一名小說家。她在《三越》一九一一年四月號發表了小說〈喜極而泣〉，三越的和服在故事中發揮了重要作用。情節描述某天主角收到三越送來「高級的兩件疊穿和服與丸帶」，和服繡上了「鳳蝶家徽」，腰帶為荷蘭麻布製成，看起來實在不像「一般婦人的衣著」，引發家中一番騷動，主角懷疑「丈夫在外面包養藝妓，這是為對方訂製的和服」。未料真相是擔任報社主筆的丈夫和朋友合寫的書大賣，收到的版稅出乎意料地多，這位朋友於是為妻子購買高級和服，也勸丈夫一起買。但主角的丈夫更想去丸善買書，所以只花了一半的錢為同住的十多歲妹妹和姪女買日式褲裙。由於兩人同時訂購，結果三越裝錯商品，導致兩家妻子各自懷疑丈夫不忠，引發一陣風波。

一九〇八年六月二十三日，國木田獨步因為肺結核過世，治子不得不獨自扶養子女，於是受三越吳服店聘雇而開始工作。〈獨步遺孀奮鬥——三越女招待員督導〉（《讀賣新聞》，一九一一年九月二十八日）一文報導，記者得知治子在三越工作，於是前往採訪了治子與日比翁助。治子表示獨步的版稅少，又沒留下多少尚未發表的稿子，「老是和孩子一起待在家裡」也不是辦法，於是找上記者田村江東與作家田山花袋商量，由田村委託日比，從九月二十四日開始雇用她，工作內容為「督導上下兩間」（休息室）的「六名女性招待員」，工作時間為上午八點到下午六點半，坐位位於「管理高層辦公室旁」。治子本人覺得這並不像是正式工作，而屬於「玩票性質」，日比則表示「扶助文豪遺屬」的說法過於「失禮」，只是因為他和獨步有交情，又需要有人來指導招待員「維持品德」，因此才委託治子來督導。

哥德式的樓下休息室（《大三越歷史照片帖》，1932年11月，大三越歷史照片帖刊行會）。

儘管日比翁助謙虛地表示「失禮」，但作家過世之後遺孀陷入經濟困境，在當時也成了一項問題。一九一二年三月二十一日，《東京朝日新聞》的報導〈三文士之遺屬〉提及了二葉亭四迷的遺孀柳子、國木田獨步的遺孀治子與山田美妙的遺孀兼子三人的情況。柳子透過二葉亭四迷友人居中處理，出版了丈夫的作品全集，然而微薄的版稅根本養不起二葉亭的母親、柳子本人與四個孩子，加上長子與父親一樣罹患肺結核，柳子因而進入女子商業學校學習使用打字機，並向記者表示「畢業後會想辦法去上班」，好扶養婆婆與子女。

其次是兼子。記者前往瀧野川村拜訪這位山田美妙的遺屬，發現門上寫著「山田洗衣服務」，走下石階，映入眼簾的則是寫有「常磐津[3]山田」的瓦斯燈，「招人同情」。兼子「捲著頭髮，眼疾日益嚴重，枯槁憔悴的模樣完全不見過去的影子」，由於十六歲的長子與十三歲的次子都外出工作，她一個人帶著三子在這裡租房子，擦著眼淚對記者表示：「小女子也想過去工廠上班，但是帶著這個孩子實在沒辦法。現在靠著母親收了附近八個女學生來學常磐津，和小女子做家庭代工勉強度日。然而小女子的視線逐漸模糊，現在連針眼都看不清楚，實在辛苦。」

最後是治子。《東京朝日新聞》的報導距離前面《讀賣新聞》的記者採訪僅過半年，因此她的生活並無變化。當時其長女就讀佛英和女學校，另外兩個孩子上小學，治子本人即便進入三越工作，仍在有限的時間內執筆不輟。但她卻以「放棄」的口吻告訴記者：「寫作不過是一時的樂趣，無法完成大作。我傍晚回家之後提筆，每兩個月投稿一次婦女雜誌，但是從三越下班後，一旦去教花道與茶道，便無暇多加思考了。」

比較三人的案例可見，找到工作的只有國木田獨步的遺孀治子，她和其他作家遺孀所面臨的困境不同，而是因為其他理由受人矚目——所謂的其他理由，指的就是「新女性」的身分。生活困窘與新女性兩個面向並存的另一則報導是〈新女性（十六）〉（《讀賣新聞》，一九一二年六月三日），文中以「每當討論文士遺屬的悲慘情況，總會列舉山田美妙齋、長谷川二葉亭、川上眉山與國木田獨步」破題，除了上一篇報導提到的三人，又加上川上眉山的遺孀，一共四人。文部省的文藝調查委員會對此提出「扶持保護」的建議，卻遲遲不見進展，同為知名作家的坪內逍遙看不下去，於是拿出自己的部分「獎金」，捐贈給四位遺屬。然而「山田身處陋巷哭泣，長谷川隱居郊外，川上回到娘家」，相較於「寂寥鬱悶」的三名遺孀，唯有國木田治子成為「亮眼的三越店員」，「稍稍引人注意」。

這篇報導中的國木田治子其實生活並不富裕。她共有四名子女，儘管最小的孩子交給三越攝影部的員工撫養，但還是得自行養育其他三名子女，偏偏三越的薪水僅能支付「米錢、房租與幫傭的工錢」。在新潮社出版《獨步小品》（一九一二年五月）後，家裡已經沒有任何獨步的遺稿，想要買「一件夏天的衣服給孩子」，只能趁從三越下班、哄孩子睡覺之後，熬夜提筆寫小說，儘管她的生活比其他遺孀寬裕，但也不過是比下有餘。不過單看標題是專欄〈新女性〉中的一篇，即可得知文章聚焦於治子，而非另三名遺孀。

從一九一一年開始，報社便益發注意所謂的「新女性」。《東京朝日新聞》於同年五月十八日到七月二十四日連載名為〈新女性〉的系列文章，第一篇〈新女性（一）——婦女問

3 一種三味線音樂。

長谷川如是閑的著作《倫敦》（1912年5月，政教社）收錄了照片「提升女權示威遊行」。皮卡迪里（Piccadilly）街擠滿了示威人士與看熱鬧的民眾。

題情勢〉便如是報導：「去年五月，兩萬名婦女參加示威運動，隊伍從倫敦南肯辛頓（South Kensington）延伸至皇家阿爾伯特藝術科學大廳（Royal Albert Hall of Arts and Sciences），長達數哩，恐怕是婦女圈前所未有之事。當時敝社記者長谷川如是閑恰好人在倫敦市內，遂記錄下如畫的遊行人群。」長谷川在一九一〇年四月十一日以大阪朝日新聞社特派員的身分抵達倫敦，除了採訪英日博覽會和愛德華七世的喪禮之外，也親眼目睹了提升女權的示威遊行，這篇報導最後更以「全球婦女運動情勢已無人可擋，此種情況稱為『女性主義』」作結。

一九一〇年五月在倫敦發起的女性主義風潮，直到隔年九月創刊《青鞜》，才在遠東日本呈現出具體的形象。《青鞜》創刊後持續發行至一九一六年二月，共五十二冊，雜誌名稱源自十八世紀的倫敦以「bluestocking（藍襪）」來稱呼倡導女權的「新女性」，發起人為五名女性，分別是平塚雷鳥、保持研子、中野出子、物集和子與木內錠子。創刊號的〈編輯室之聲〉明確宣告《青鞜》創刊旨在「期許自己促使所有女性得以充分發揮各自的天賦，進而解放自我，互助合作，極力修養研究，成為眾人發表修養研究成果之機關」。此外岡田八千代、小金井喜美子、長谷川時雨、森茂子和與謝野晶子等知名文人亦列名贊助成員，國木田治子也是其中之一。平塚雷鳥在創刊號發表〈女性原是太陽——青鞜發行之際〉一文，國木田治子則發表了名為〈貓蚤〉的短篇小說。

三越的相關人士當中被視為「新女性」的不只是國木田治子，一九一二年五月十四日，《讀賣新聞》的連載專欄〈新女性（九）〉便介紹了神崎恒子——她的父親神崎東藏是眾議院議員，因為日本製糖貪污事件而遭判有罪。正如這篇報導開頭所述，「如今咸認雜誌《青鞜》是新女性的代表組織」，「但其中也有些人不被認識」，而神崎恒子正是《青鞜》的作者之一。報導中介紹她畢業於日本女子大學國文系，於一九一一年四月進入三越，負責編輯公司誌《三越》。從事編輯工作的同時，她也在三越的編輯室提筆創作，只是似乎因為工作過於繁重，於隔年二月以生病為由，辭去了三越的工作。《讀賣新聞》的連載〈新女性〉後來又介紹了三十三名女性，最後由X生彙整為《新女性》（一九一三

三越的各種部門都出現了女性的身影。圖中是三越京都分店染色工廠的上漿部（《三越》，1911年12月號），由畫工部畫好和服上的圖案草稿之後，交給上漿部的員工將輪廓線塗上漿糊。

年，聚精堂）一書出版。

當時的女性即便渴望工作，所能從事的職業也很有限，一九一二年十月十八日，《東京朝日新聞》便報導了〈剪髮作為觀光紀念——關東州旅行團〉，文中提到來自關東州的旅行團共二十四人，參觀了三越、白木屋、日本銀行與啤酒公司等「許多女性行政人員與女工」工作的職場。旅行團成員並積極詢問日本女性是否能靠工作自立、工作時間的長短、是否已婚等等，團長曲作楷表示中國「僅有少數中流以下的農婦會外出工作，其他女性都大門不出、二門不邁」，但是他這番話並非稱讚他在東京所見的職業婦女，而是認為女性外出工作是「直接受到來自歐美的激進主義影響」、「擔憂女子教育發展」，但是中國其實也想讓女性接受「一般初等教育」，向她們「傳授手工類的工作」。日本女性即便期盼進入社會，仍舊多所阻隔，而中國女性面臨的則是更加巨大的阻礙。

32 東京大正博覽會——《東京三日遊導覽》

一九一四年三月二十日到七月三十一日，東京府舉辦了東京大正博覽會，第一會場為上野公園，第二會場為不忍池一帶，青山練兵場（陸軍飛機機棚）則設為附屬會場。東京大正博覽會協贊社所編輯的《東京大正博覽會導覽》（一九一三年十二月，東京大正博覽會協贊社出版部）如是說明博覽會的目的：「收集各類製品向社會大眾展示，以圖生產工業之發展，建立國家富強之根源。」明治天皇於一九一二年七月三十日駕崩，當時年號甫改為大正沒多久，故該書並主張：「我帝國臣民贊成舉辦大正博覽會此一值得慶賀之活動，眾人皆須不遺餘力，貫徹富國強民之目的。」這場博覽會的展期約四個多月，來場人數將近七百五十萬人。

配合東京大正博覽會，大型吳服店紛紛著手編著東京與博覽會的導覽手冊，順便當作自家的宣傳。白木屋發行的是《訂購手冊與「東京大正博覽會導覽」》（一九一四年四月，白木屋吳服店），內容包括〈東京大正博覽會導覽〉十八頁與〈訂購說明〉六十八頁，同時推出方綢巾、手帕、和服腰帶飾品與髮簪等「博覽會紀念商品」。三越刊行的是《東京三日遊

三越吳服店於1914年4月所發行的《東京三日遊導覽》封面。

導覽》（一九一四年四月，三越吳服店），內容包括〈東京三日遊導覽〉二十一頁、〈三越吳服店導覽〉十頁與〈東京大正博覽會導覽〉十七頁。以《東京三日遊導覽》為主分析，便能了解三越與博覽會錯綜複雜的關係，該書提出的東京、三越與博覽會參觀行程如下：

第一天上午參觀丸之內、皇居、芝增上寺與高輪泉岳寺，下午前往三越吳服店，與負責諮詢的服務人員討論，完成購物行程，倘若還有多餘時間，就前往淺草觀光，當天晚上則至帝國劇場或歌舞伎座欣賞表演。第二天上午安排的景點是靖國神社、乃木將軍府邸與青山大正博覽會附屬會場，或是市區其他想要參觀的名勝古蹟，當天色漸暗，亦可前往欣賞銀座的夜景或是博覽會的燈飾。第三天參觀東京大正博覽會，順道去上野附近的觀光景點。當時即便難得從外地來到東京觀光，也可能因為農忙期而沒有充裕時間，因此三越安排了三天的行程，參觀順序也能自由調整。由於博覽會會場不受雨天等天氣影響，故建議大家趁天氣晴朗時參觀東京。

倘若根據三越安排的行程行動，第一天下午便是前往三越吳服店購物。〈三越吳服店導覽〉中的兩個口號格外引人矚目，其中之一是「三越乃全球最古老的百貨公司」。三越吳服店於一九〇四年十二月向顧客寄送聯名信，發表「百貨公司宣言」，當時西方的百貨公司對三越來說距離還很遙遠。此後十年來，三越努力擺脫吳服店的框架，建立百貨公司的自我認同，這份認同奠定在「西方的百貨公司不過只有六十年的歷史，三越卻是創業於兩百六十四年前」。而另一口號是「三越儼然一公園」。三越店內準備了各項設施，是顧客得以「在此放鬆休息，令人心情愉快」的景點。百貨公司裡設置了「西式建築」與「純和風」等特色迥異的四間休息室，餐廳提供的壽司與咖啡深受好評，演奏室則有「天下知名樂手」負責演奏，三越的目標是備有如同在「公園」放鬆休息的設施。

當時前來三越放鬆休息的，不僅是從外地來到東京的民眾，翻閱一九一三年發行的《三越》即可得知，當年海外觀光團體亦接二連三前來。例如一月九日，歐美觀光團搭乘德國汽船來到日本，船隻停靠在橫濱港，遊客分別投宿帝國飯店與精養軒，在住宿的數日間曾來到三越購物。其他訪客包括七月七日來自伯力（Khabarovsk）的觀光客四十五人；九月十三日旅居西雅圖的日僑五十二人；十月二十一日旅居舊金山的日僑八十多人；十月二十二日來內地考察的一群朝鮮人；十一月九日旅居加拿大的日僑三十五人。要是連知名的嘉賓都算進去，更是不勝枚舉，以個人為例，孫文就在三月二日現身三越。

《東京三日遊導覽》中安排第二天晚上欣賞博覽會的燈飾，這是從四月一日夜間開始點燈。〈夜晚的博覽會〉（《讀賣新聞》，一九一四年四月二日）一篇報導了博覽會入夜後的情況：五點暫時關閉，白天進場的觀眾必須全數退場，待七點重新開放。除了各展館的燈飾，路上的弧光燈閃閃發亮，餐飲店也掛有燈籠裝飾。從會場望向淺草方向，凌雲閣與電影院的燈飾映入眼簾，美麗的景色叫人誤以為對面也是會場。四月一日的白天來場人數為十二萬八千六百九十三人，夜間來場人數則為一萬一千兩百七十七人。

待行程終於來到第三天，才正式進入會場參觀東京大正博覽會。《東京三日遊導覽》中說明展館除了日本本土的各地府縣之外，台灣、朝鮮、滿洲與樺太也共襄盛舉，展館數量相較於七年前的東京勸業博覽會增加了一倍以上，已經達到全國博覽會的規模。且博覽會門票還附贈抽獎券，獎品則是購物券，抽獎活動由東京市參展人公會贊助，三越也是其中一員。一九一四年七月十八日，《東京朝日新聞》的報導〈每天抽獎——大正博尾聲〉提及該公會：「三越、白木屋、丸見屋與松屋等店家擔任常務委員，各商家贊助的獎品從貴金屬、時鐘手錶、絹織品、日用品到化妝品，多達數萬件。」抽獎活動持續舉辦到距離博覽會閉幕十多天前。

東京大正博覽會舉辦的目的在於「建立國家富強之根源」，因此要探討的是日俄戰爭結束後的九年間——或說東京勸業博覽會之後的七年間，日本的產業究竟發展到什麼地步。關於發展情況，東京大正博覽會的評審委員之一坂田貞一透過〈機械工業發展〉（《讀賣新聞》，一九一四年三月十日）一文表示，「流行促進發明，因此如近期風俗趨於華美，自然促進染織物之進步，近十年來此方面顯著發展。三越與白木等執掌流行的大型吳服店功不可

上：第二會場的手扶梯。
下：第二會場的染織館（皆出自《東京大正博覽會照片帖》，1914年5月，博畫館）。

沒」，同時期許產業持續發展：「工業界不應滿足於當前之進步狀態。」

十年來的進步不僅落實於染織業界，也反映在工業界——來場觀眾印象最深刻的或許就是連結第一會場與第二會場的手扶梯。《東京大正博覽會照片帖》（一九一四年五月，博畫館）中刊登了第二會場的照片，於左側入口支付十錢即可搭乘手扶梯進入上方的天橋，再搭乘手扶梯回到地面。《東京三日遊導覽》對於手扶梯的說明是「自動升降的樓梯，無須挪動腳步，即可上下移動」，當時是日本開始出現都市空間的草創時期，該書表示「僅兩處設有手扶梯，即此處與預定於今年秋季落成之新建三越吳服店」。

博覽會上與三越關係尤其密切的建築，是第二會場的染織館與染織別館，〈大正博批評——九、染織館〉（《東京朝日新聞》，一九一四年四月二十五日）中解釋了為何會有兩棟染織相關展館。原來主辦方剛開始只計劃設立染織館，然而展館面積卻不足以展示所有展品，因此三越與白木屋等大型吳服店與織品大盤商發起運動，促成增設染織別館。京都知名織品產地西陣獲知此事之後也在博物館後方設置了西陣館，可惜地段不佳，吸引不了人潮。除了染織相關展館，其他展館也展示了染織業界的產品，毛紡織公司與襯領商人公會興建別館以陳列展品；朝鮮半島與滿洲製造的織品則展示於各自的地區展館。

走出第二會場的手扶梯，映入眼簾的是染織館的東側入口，此處陳列的商品來自富士紡績公司、鐘之淵紡績公司、三重紡績公司、愛知縣絞染同業公會與位於東京府的伊藤染色工廠等處。《東京三日遊導覽》中自豪地表示「展場裝飾皆為三越負責」，且裝飾別館也以三越推出的產品「最為出色」，會場中央是預定於今年秋天落成的新建三越模型，四周以和服腰帶、友禪與振袖等和服裝飾。為求公平，一併參考白木屋的《訂購手冊與「東京大正博覽會導覽」》可知，三越與白木屋在染織別館的歐式展示櫃都陳列了「優秀的織品」，松坂屋、伊勢丹與松屋等知名吳服店則有各自的展區，整個展場散發著「流行的精髓」。

但是「富國強民」的氣息最為濃厚的，或許在「內地」以外的東亞館區。台灣與澎湖群島在一八九五年四月十七日簽訂《馬關條約》後割讓給日本，成為日本第一個殖民地，在當時已經過了將近二十年。根據白木屋的導覽手冊，滿洲館與樺太館設立的目的在呈現「殖民地現況與其產物」。日俄兩國在一九〇五年九月五日簽訂《朴資茅斯條約》，俄國將旅順至長春之間的南滿洲支線，以及鐵道內煤礦的租借權轉讓給日本，滿洲館因而展示著南滿洲鐵路的模型。而樺太以北緯五十度處為界，南側割讓給日本，因此樺太館也展示了開闢移居的情況。根據一九一〇年八月二十二日簽訂的《第一次日韓協約》，日本併吞韓國，並公布將在一星期後把國號改為「朝鮮」，所以朝鮮館展示的寶座在三越的導覽手冊便標示為「前朝鮮國王所有」。「富國」與「強民」的方針彼此連結，刻劃下近代日本的足跡。

一百年前的百貨公司⑨——交通工具

1

2

3

4

5

1：法國製的「飛機時鐘」（《三越》，1913年3月號），飛機繞著鐘塔轉。
2：轉動方向盤便會急速奔馳的「自動車」（《三越》，1913年12月號）。
3：「潛水艇魚雷時鐘」（《三越》，1913年4月號）。
4：「附軌道電車」（《三越》，1913年8月號）。
5：德國製的「軍艦」（《三越》，1913年5月號）模型，可在水中自由航行。近代的交通工具也就是近代的武器，潛水艇與飛機在隔年爆發的第一次世界大戰中，肩負起在海中與空中戰鬥的任務。

終章

「東洋第一」的百貨公司落成與獅子像

百貨公司宣言發表十年後的一九一四年十月一日，三越吳服店總店新館落成。落成前夕的九月二十五日，《讀賣新聞》刊登了〈三越五層樓建築興建落成——帝都新色彩〉一文，提及設計師為橫河民輔，整體採用文藝復興風格，建築面積六百一十九坪，總樓板面積四千一百坪，整整耗費三年光陰才終於竣工。其面對室町通的拱型正門寬約七・三公尺，高約十三・六公尺，由四根義大利大理石圓柱支撐，圓柱下方有兩座青銅獅子，作者是英國雕刻家梅律菲德（Leonard Stanford Merrifield）。一樓到五樓除了賣場，還有風格各異的休息室與可以容納一百二十人的大餐廳，室內設有電梯與手扶梯，方便上下移動。走上頂樓花園，映入眼簾的則是整個東京市。如同報導的副標題所言，這是為「帝都」增添色彩的新名勝。

首先來看看這棟建築的外觀。《三越》一九一四年七月號刊登了〈東京第一高的建築物——壯麗的三越新館〉與興建中的照片（左上圖），拍攝時尚未拆除鷹架，不過已經拍到尖塔，足以掌握建築全貌，從地面到塔上的避雷針，全長約五十一・七公尺。其實一八九〇年竣工的淺草公園凌雲閣（十二階）高約五十二・四公尺，略高於三越，這篇報導如此解釋何謂「東京第一高」——「其不同於淺草公園的十二階與藏前孤零零如同煙囪的東京電燈公司」，「在部分為住宅的建築物當中」算是「東京第一高的建築物」。凌雲閣是「凌雲」的建築物，換句話說，是用於眺望的展望台，性質不同於百貨公司。三越基本上是五層樓高，加上地下樓層與頂樓共七層樓，高塔更是相當於四層樓高，所以合計是十一層樓。

左下圖「三越高層獻上玉串」則是《三越》一九一四年十一月號刊登的照片。在新建築頂樓（六樓）有花園、溫室與茶室，三圍稻荷神社也遷移至此處，儘管下方的東京市霧氣朦朧，但應該還是能感覺到建築物的高度。從舊門市、臨時門市到總店新館，稻荷神社的位置也跟著越來越高。尖塔建在頂樓，相當於第七到十一樓，八樓則有一個直徑約四・二公尺、高二・七公尺的大水塔，用來儲存消防灑水頭所需的水。步行到這裡，映入眼簾的是品川外

上：《三越》1914年7月號刊登的三越吳服店總店新館，當時尚未落成。
下：《三越》1914年11月號刊登的三越頂樓（六樓）與俯瞰東京市的景色。

三越總店新館的中央階梯（《大三越歷史照片帖》，1932年11月，大三越歷史照片帖刊行會）。

三越總店新館的手扶梯（《三越》，1914年10月號）。

海，若爬上鐵梯繼續往上，十樓便是直徑約三．九公尺的八角形瞭望台，俯瞰市區的景象正如成語所謂的「寸馬豆人」，與甫從歐洲進口的飛機所拍攝的照片並無二致。

接著走進店內，會看見總店新館引進的最新設備，連接一到五樓賣場的階梯是鋼筋混凝土鋪上義大利產的大理石與紅毯，散發奢華的氣息，即便往返數次，搭乘電梯便不覺疲倦。〈三越吳服店新館的特色（承前）〉（《三越》，一九一四年九月號）一文報導，三越向美國奧的斯電梯公司（Otis）購買四台客用與兩台店員用電梯，電梯從地下室通往頂樓，即便坐滿三十二人依舊僅需二十五秒便能抵達，店員用來搬運貨物的電梯在當時還是日本最大型的。

比起電梯，店內更新穎的是連接一樓與二樓的手扶梯，這也是奧的斯電梯公司的產品。

根據〈東洋建築首次安裝自動樓梯〉（《三越》，一九一四年三月號）報導，手扶梯首次登場是在一九〇〇年的巴黎世界博覽會，但是當時還是「實驗」階段的發明，經過了多次改良方才成為商用產品。倫敦的地下鐵在三年前的秋天引進手扶梯，三越則是日本第一座引進手扶梯的常設建築，同一時期的大正博覽會也預定安裝手扶梯，技師還因此前來參觀三越的工地。三越的手扶梯升降角度為三十度，預計一分鐘可搭載六十人，一小時可運送三千六百人，一天則可運送超過三萬名顧客上二樓。這是奧的斯電梯公司首次在日本——正確來說是在亞洲——裝設手扶梯。

此外暖氣與換氣也採用了尖端設備，〈三越吳服店新館的特色（承前）〉中提到「這兩項設備是新館自豪的設施之一」。當時的暖氣名稱為「真空式暖氣設備」，以管線將低壓蒸氣送到各樓層的散熱器，室內因而得以保持一定溫度，製造商是美國散熱器公司。而地下室與一樓使用的暖氣設備是「加熱線圈」，加熱後的空氣會透過二十一個送風口送到室內。地下室的地板則有十五處換氣孔，直徑約一．六公尺的「排氣風扇」會把空氣從頂樓送往室外，同時利用直徑約二．一公尺的「吸氣風扇」把新鮮空氣送進室內，如此循環往復。

說到文明的利器，除了電梯與暖氣，還有「風力錢幣運送機」。當時三越各樓層合計有十三處結帳櫃檯，都是以美國拉姆森（Lamson）公司製造的直徑二．五公尺銅管將錢幣運送至一樓的中央會計部，方法是由真空風扇排出所有銅管內的空氣，把鈔票與硬幣吸進「錢幣運送機」，中央會計部的機器極其壯觀，宛如「西洋大教堂的管風琴」。

電梯、手扶梯、暖氣、換氣設備還有「錢幣運送機」的動力，全都來自電力，室內當然也燈火輝煌，入夜後便成了全東京都看得到的高塔燈飾。新館室內外的燈泡合計超過三千個，耗費的電力高達三百三十五千瓦，相當於四百五十電馬力，約莫是「逗子與鎌倉等小型都市用電量」的四到五倍。東京電燈公司還為三越安裝專用的地下電線供電，但是配電所故障時還是會陷入一片漆黑，因此電力供給分為南鞘町配電所與白銀町配電所兩處，店裡的電線長約四十四．九公里，比三越到鎌倉還遠。

為配合十月一日開幕，三越吳服店更新增食品、茶、柴魚片與花卉四個部門。〈新三越吳服店要做些什麼？〉（《三越》，一九一四年九月號）一文報導，食品部門的賣點是「進口點心、罐頭、洋酒等」，同時販賣品質優良的日本產品；茶部門的茶葉以宇治與狹山產為主，種類豐富，包含玉露、粗茶與粉茶等；柴魚片部門網羅土佐、薩摩與伊豆的產品；花卉部門則在頂樓設置溫室，同時與東京、橫濱的「華園企業」簽約，由其供應花束、花圈、切花、花器與花缽等顧客所需的商品。三越從開幕當天起便舉辦新設計展示會、雜貨新商品展示會、和服下襬設計徵稿展示會、照片徵稿「碳膜轉印畫」展示會與藝術展覽等，希望藉此吸引大批顧客上門。

〈新三越吳服店的新活動〉（《三越》，一九一四年十一月號）中提到，開幕當天不巧正逢雨天，不過從開門營業之前門口便大排長龍，下午雨停後更是門庭若市。站在入口處計算人數，平均一分鐘約八十人來店，一小時四千八百人，單是下午四小時，便已經超過兩萬人光顧。開幕當天的來店人數合計超過三萬人，第二天與第三天更是大幅增加，到了第四天的星期六，下午兩點時已經多達四萬人以上，由於室內過於擁擠，入口還一度關閉。十日開始舉辦拼布布料大特賣，十五日則有日本美術院復興紀念美術展覽開幕，三越吳服店接二連三舉辦各類活動，藉此刺激顧客的消費欲望。

新館各樓層都設有休息室，且裝潢風格各異，一樓採用維也納分離派，二樓採用亞當式（Adam Style），三樓是詹姆斯一世復興式（Jacobean Revival），四樓則是貴賓專屬的路易十六世風格（Louis XVI）。讀賣新聞社的記者在開幕第二天前往採訪在三越工作的國木田治子，〈忙於工作的獨步遺孀——新建三越吳服店的女招待員督導〉（《讀賣新聞》，一九一四年十月三日）一文指出其去到三樓休息室卻人滿為患，連張椅子也沒得坐，告知「少女招待員」來訪的用意之後，治子方從休息室裡走出來。自從搬到新館後，休息室增加了三名工作人員，儘管如此，還是忙碌得跟「戰場」一樣。治子表示「工作一整天回家之後，全身累得跟棉花一樣使不上力」，畢竟開幕第一天造訪休息室的顧客超過一萬人。

早在新館開幕之前，三越吳服店便於九月二十五日招待了一百多名記者，帶他們參觀店面之後，在餐廳共進晚餐；三天後的二十八日又招待了四百多名貴賓，舉辦開幕儀式，〈三越吳服店新館落成記〉（《三越》，一九一四年十一月號）中便詳細記錄了當天的宴會。負責設計新館的橫河民輔在致詞時，回憶自己接到日比翁助委託是「十年或更早之前」，在此期間的一九〇六年，日比前往歐洲與美國考察當地百貨公司；隔年，橫河工務所的中村工學士前往歐美出差，進行調查，此後「這項工程主要由中村負責」。自從宣布百貨公司宣言以來，三越耗費整整十年才實現構想，完成了由鋼架、石材、鋼筋混凝土與紅磚組建的新館建築。

三越的目標——也就是位於倫敦的哈洛德百貨——亦在開幕時寄來賀電與信件，三越吳服店想必因此十分高興。〈三越吳服店新館落成記〉中提到「哈洛德與本店熟識多年，其執行董事柏比奇（Richard Burbidge）與敝公司日比取締役會長最為友好」，並且介紹了信件內容：「您蒞臨敝店之際，余或多或少提供助力，深感歡喜」，同時表示「聽聞貴店進步神速，目前啟用新館，不勝欣喜」。其中誇讚「三越比篷瑪歇壯觀」（〈一日一信〉，《讀賣新聞》，一九一四年十月二十五日）或許是偏袒自己人，不過日比翁助聽了，應當沉浸在三越與歐美帝國的百貨公司並駕齊驅的感動當中吧。

這也是十年來與三越一同付出的相關人士共同的感慨。金子堅太郎子爵在開幕典禮上致詞時，表示曾經多次與日比翁助討論歐美的百貨公司，兩人認為「日本帝國應當竭力發展，以期接近歐美文化」、「傾力發展工商業，成為全球夥伴的一員」，這種時候不可或缺的就是進口歐美商品；另一方面，他也主張「想和列強並駕齊驅，馳騁於世界，必得自行製造我國所需的物品」。然而新館引進最新的電梯、手扶梯、暖氣與「風力錢幣運送機」，卻都來自美國，由這一點看來，日本其實還沒能趕上歐美，但是三越所陳列的許多商品都是「日本本地製造」，金子仍為此欣喜不已。畢竟這才是符合「東洋第一大型建築」（《三越時刊》，一九一〇年六月號）的室內景象，金子認為，百貨公司就如同一面鏡子，映照出帝國擴張的情況。

帝國擴張所影響的不僅是商店陳列的商品。一九一三年十一月九日，日本橋俱樂部舉辦了玩具會演講，〈滿鮮的小國民〉（《三越》，一九一四年一月號）報導中提到，巖谷小波巡迴大連、沙河口、旅順、遼陽、撫順、奉天、長春、滿洲與華北等十九處，到五十所學校演講，後來還到朝鮮半島巡迴九處，舉辦了二十二場演講。招待巖谷前往滿洲的是南滿洲鐵路公司，其沿線有許多公司所設立的學校，因此希望他能前往當地與孩子們講講話；而邀請他去朝鮮半島的則是京城日報社與朝鮮新聞社。這些日本的殖民地或是實際由日本所掌控的地區，早已出現許多來自日本「內地」的移民，形成日本人社群，巖谷的演講本身也反映了日本在東亞的勢力範圍。

三越吳服店總店新館開幕兩個月之前，正值一九一四年七月二十八日歐洲爆發第一次世界大戰之際，八月二十三日，日本向德國宣戰，所以金子堅太郎才會在致詞時提到「目前我

入口處獅子雕像的畫作（《三越》，1914年11月號）。

國向歐洲列強開戰，面對戰火」等內容。除了陸軍大臣岡市之助與大藏大臣若槻禮次郎之外，英國、法國、美國大使以及比利時與荷蘭公使等人也受邀出席開幕典禮。開幕後半個月的十月十四日，日本海軍攻下赤道以北的德屬南洋群島；十一月七日，英日聯軍攻擊德軍的據點青島。這場戰役是日本帝國擴張的關鍵，使其勢力範圍得以由東亞延伸到南方。當時率領聯軍圍攻青島的英軍司令官巴納迪斯頓（Nathaniel Barnardiston）夫婦造訪三越一事也登上了報紙版面，所下的標題為〈英將一行人參觀三越——夫人購買洋傘〉（《讀賣新聞》，一九一四年十二月十七日）。

三越入口的青銅獅子是帝國時代百貨公司的象徵。雕像的原型是倫敦特拉法加廣場（Trafalgar Square）的獅子，由四隻獅子圍繞柱頂為納爾遜（Horatio Nelson）將軍雕像的圓柱，源自一八〇五年英國艦隊大勝法西聯合艦隊，為了紀念特拉法加海戰勝利，於是建造了這些雕像。〈預定今秋落成的三越總館獅子銅像〉（《三越》，一九一四年四月號）中提到，三越在數年前透過橫河工務所的中村向旅居英國的東京高等工業學校教授前田松韻商量，請他委託英國雕刻家梅律菲德雕刻銅像。前田後來看到石膏原型時詢問這位雕刻家，相較於特拉法加廣場的獅子，何以此石膏模型的表情較為猙獰？對方表示雖然幾乎沒有人注意到，但其實廣場上的獅子有老有少，其中年輕的獅子表情較為猙獰。既然要擺設獅子銅像，在日本這樣「積極進取的國家」設立的「今後將突飛猛進的商店」，選擇年輕的獅子當然更適合——亦即帝國擴張竟然也影響了雕刻家決定獅子銅像的表情。

後記

二〇一四年五月底的傍晚，森鷗外紀念館的副館長與策展人來到我的研究室，表示希望由我來審訂他們即將舉辦的鷗外與三越特展。當時我正在準備國際交流基金與日本近代文學館九月在巴黎共同舉辦的川端康成展、國際研討會與川端原作改編電影週，工作繁重，所以本來打算婉拒邀約，但對方卻一副沒得商量的氣勢。我終究推辭不了，只好詢問對方展期：「不好意思，展覽是從九月十三日開始。」「……。」「所以你們已經準備到一個段落了吧？」「這項企劃是從現在跟您討論後才要開始。」「……。」日本近代文學館當時已經完成巴黎川端展的預展，像是嫌我工作還不夠忙似地說：「展覽圖錄的稿子還請您早點交。」「……。」

我還沒著手巴黎國際研討會要發表的稿子，只得從隔天起不眠不休，拚了命工作，儘管行程緊湊，但多虧策展人塚田瑞穗女士全心投入，《創造流行——三越與鷗外展》才能大功告成。我一路追隨她的背影前進，直到預覽會結束的隔天，也就是九月十三日才終於飛往巴黎。因為想為那席不暇暖的三個半月畫下另一個不同於展覽的句點，所以我才提筆寫下本書，將翻閱三越公司宣傳雜誌時激起的各種漣漪，化為具體的形狀。

森鷗外紀念館由於博物館本身的特性，展覽企劃必定和鷗外有關，但本書的架構自然與展覽不同，將鷗外在書中定位為流行會的成員之一，退居故事背景，聚焦於百貨公司的成長與帝國擴張。三越吳服店公布百貨公司宣言正值一九〇四年日俄戰爭開打之際；五層樓高的鋼筋混凝土總店新館落成、正式成為百貨公司時，則爆發了第一次世界大戰，百貨公司的發展與帝國擴張是兩條共同發展的平行線。那時有些內容無法藉由展覽表達，例如想陳列「明治時代的商品」卻已經找不到，或是當時的印刷技術以現代而言過於粗糙，公司誌的商品照片無法輸出成背板來展示，但印成書的話，還勉強看得清楚，期盼各位讀者能透過本書感受到「一百年前的百貨公司」，也就是日本的百貨公司剛出現時的光景。

本書之所以得以在日本出版，全靠各界不吝協助，首先我想對森鷗外紀念館的工作人員與看展的觀眾致謝，此外許多三越伊勢丹的相關人士前來參觀預覽會與演講，也多虧當時三越伊勢丹的總務部長吉田寬先生為我引薦，我才能獲得三越資料編纂室協助。感謝本書的編輯大山悅子女士與眾人支持，本書才得以付梓，謹在此記錄我由衷的謝意。

二〇一九年十月二十日

和田博文

三越誕生——帝國百貨與近代化的夢

三越誕生！—帝国のデパートと近代化の夢

作　　者 — 和田博文
譯　　者 — 陳令嫻
責任編輯 — 林蔚儒
封面設計 — 江孟達
內文排版 — 簡單瑛設

出　　版 — 這邊出版／遠足文化事業股份有限公司
發　　行 — 遠足文化事業股份有限公司（讀書共和國出版集團）
地　　址 — 231 新北市新店區民權路 108-2 號 9 樓
電　　話 — (02)2218-1417
傳　　真 — (02)2218-8057
郵撥帳號 — 19504465
客服專線 — 0800-221-029
客服信箱 — service@bookrep.com.tw
網　　址 — http://www.bookrep.com.tw
法律顧問 — 華洋法律事務所　蘇文生律師
印　　製 — 呈靖彩藝有限公司
定　　價 — 新台幣 450 元
I S B N — 978-626-98580-4-0（紙本）
978-626-98580-5-7（PDF）
978-626-98580-6-4（EPUB）

初版一刷　2025 年 1 月
Printed in Taiwan

國家圖書館出版品預行編目 (CIP) 資料

三越誕生 : 帝國百貨與近代化的夢 / 和田博文作 ; 陳令嫻譯 . -- 初版 . -- 新北市 : 這邊出版 , 遠足文化事業股份有限公司 , 2025.01
284 面 ; 14.8×21 公分

譯自 : 三越誕生 ! : 帝国のデパートと近代化の夢

ISBN 978-626-98580-4-0 (平裝)

1. CST: 百貨商店　2. CST: 歷史　3. CST: 日本

498.5　113017589